KB236367

맛집 천국 도쿄

만화 · 마메코
맛집 가이드 · 나카가와 세츠코
옮긴이 · 유가영

안녕하세요?
도쿄에 사는 일러스트레이터 마메코입니다!
지금까지 그림책과 만화책 작업을 주로 해왔는데
최근에는 요리책도 담당하고 있습니다.
결코 요리를 잘하지는 않지만
먹는 것은 정말 좋아한답니다!!
때문에
맛집을 발굴하는 것도 좋아하는데…
이것이 인생 목표 중 하나!
먹어본 적 없는 맛있는 음식 먹기!!
수상쩍음
저 가게 흥미로워 보이는데?
어째서인지 들어가는 가게마다 실패…
다른 사람들에게도 소개할 수 있는 정말 맛있는 가게를 찾고 싶어…
정말 맛있는 가게…
제가 안내해 드릴까요?
… 앗 당신은?

가족 모두가 먹는 것에 열정을 불살랐죠.
파닥
파닥
장어를 직접 손질하는 할아버지
도쿄에서 태어난 나카가와 씨는
타 다 다 다 다 다 닥...
일식, 양식을 불문하고 요리라면 뭐든지 잘하는 어머니 밑에서 자랐다.
이야기를 들어보니...
처음 뵙겠습니다!!
푸드 잡지에서 에디터로 일하고 있는 나카가와 세츠코라고 합니다.
그리고 현재는 전통 있는 가게부터 핫 스팟까지 도쿄의 유명 맛집을 섭렵하고 있다.
좋은 가게를 많이 아는 것이 당연해!!
학창 시절
대식이 아닌 미식에 소비를 했군요!
아르바이트로 번 돈의 대부분을 먹는 것에...
넵!!
마구마구 먹을 거예요!
위장은 비워뒀죠?
『맛집 천국 도쿄』, 지금 시작합니다!!
부디 저를 안내해 주세요!!
도쿄에 살면서도 맛집을 모르다니 그건 엄청난 손해야!!
도쿄에는 전국적으로 유명한 맛집이 많답니다!
활활!!
활활

♥에코다: 지유상
국물이 흠뻑 배인 유부 온소바

♥칸다: 칸다 마츠야 본점
우동이라고 착각할 뻔한 비밀 메뉴, 굵은 메밀국수!

♥아카바네바시: 노다이와 아자부이쿠라 본점
혀에서 사르르 녹는 장어덮밥

♥아사쿠사: 우나기 이로카와
양념 없이 구워 장어 본연의 맛을 느낄 수 있다.

♥긴자: 렌기데이
속이 촉촉한 '원조 오므라이스'

♥나카노: 미하루
장인의 절묘한 불 조절로 구워낸 장어꼬치

♥우에노: 폰타 본가
최고급 조개관자튀김은 절을 하고 싶어지는 일품요리♪

♥아사쿠샤: 요시카미
'너무 맛있어서 죄송합니다!' 비프스튜

♥메지로: 산카쿠
그리운 간장 맛의 매끄러운 완탕면

♥히가시나카노: 주방
도쿄가 아니면 맛볼 수 없는 '탄교(탄멘+교자)'

♥이케부쿠로 : 카에루식당
귀여운 그림이 그려진 '미도리카레'

♥신바시: The KARI
듬뿍 들어간 향신료가 조화를 이룬 비프카레

♥아사쿠사: 아사쿠사 오뎅 오타후쿠
은행도, 메추리알도 국물이 잘 배어 있다!

♥칸다·아와지초: 타케무라
노릇노릇 구운 떡이 퐁당~ 따끈따끈 단팥죽

♥에코다: 마이마이
라이스페이퍼로 돼지고기와 채소를 돌돌♪

♥오차노미즈: 오뎅토코로 코나카라 본점
계절 한정 '카키오뎅'은 겨울에 꼭 먹어야 할 메뉴

♥하라주쿠: 베포기
컬러풀한 디저트!? No! 색다른 페루 요리!

♥아자부주방: 나폴레옹 피시
흰 마파두부는 매운맛, 신맛, 감칠맛의 삼박자!

♥긴자: 텐푸라 콘도
당근 텐푸라는 예술의 경지!

♥코엔지: 텐스케
바삭 몽글 촉촉한 달걀튀김덮밥

♥마루노우치: RISTORANTE HiRo CENTRO
새우내장과 토마토, 갈릭소스의 하모니

♥긴자: 긴자 아사미
쫄깃쫄깃한 식감, 신선한 도미회를 오차즈케로~

♥아다치 시장: 타케스시
신선한 시장 초밥, 에도마에 맛집의 궁극!

♥츠키지 시장: 안코야 타카하시
큼지막하게 조린 장어가 듬뿍!

에코다
25 마이마이
4 지유상
18 카에루식당
이케부쿠로
세이부 이케부쿠선
텐스케
산카쿠 13
메이지
타카다노바바
14 벤텐
미하루
7
주방
11
추오선
카노
히가시
나카노
신주쿠
타케스시 37
닛포리
미나미센즈
12 이치리키
우에노
아사쿠사 오뎅 오타후쿠
22
요시카미
9
아사쿠사
1 나미키야부
5 소바
17 우나기
이로카와
사카에야
폰타 본가 10
23
오뎅토코로 코나카라 본점
키노젠 19
오차노미즈
이다바시
타케무라 21
2 3 네무리안
칸다 마츠야 본점
칸다
RISTORANTE HiRo CENTRO 32
24 니혼바시 오타코 본점
도쿄
유라쿠초
8 렌가테이
델리 긴자점
15 30 텐푸라 콘도
27 베포카
하라주쿠
TORAYA CAFÉ 20
텐푸라 오우사카 28
신바시
키츠네야
31 35
34
안코야 타카하시
노다이와 아자부이쿠라 본점
6
16
긴자 아사미
시부야
26
SZECHWAN 33
RESTAURANT 친
나폴레옹 피시
하마마츠초
The KARI
시나가와
도쿄모노레일
유통센터
36 산요식당

p. 35

오랜 세월 변함없이
사랑받아온
양식
8 렌가테이(긴자)
9 요시카미(아사쿠사)
10 폰타 본가(우에노)

p. 23

장인의 기술이 녹아든
통통하고 부드러운
장어
5 우나기 이로카와(아사쿠사)
6 노다이와 아자부이쿠라
본점(아카바네바시)
7 미하루(나카노)

p. 11

에도 시대의
정취를 즐기며 먹는
메밀국수
1 나미키야부소바(아사쿠사)
2 칸다 마츠야 본점(칸다)
3 네무리안(칸다)
4 지유상(에코다)

차례

※ 지명과 요리명은 일본어 발음에
  최대한 가깝게 표기했습니다.
※ 본문에 나오는 정보는 2013년
  11월 기준입니다.
※ LO는 주문 가능 시간입니다.

자, 가볼까요!!
꺄호

에도 시대의
정취를 즐기며 먹는
메밀국수

◎ 나미키야부소바

◎ 칸다 마츠야 본점

◎ 네무리안

◎ 지유상

아~~ 두근거려!!
내심 주눅 들어 있던 나.
그렇게 해서 유명 가게 탐방이 시작 됐지만~
어쩜 그럴 수가…. 메밀국수는 도쿄를 대표하는 음식 이라고요.
雷門
@아사쿠사 라이몬
하지만 제가 먼저 나서서 메밀국수를 먹으러 가자고 한 적은 의외로 없네요.
도쿄 맛집 중 가장 가보고 싶었던 곳은 역시…
메밀국수 (소바) 집이죠!!
1913년 창업
蕎麦藪
마메코 씨 도착했어요. '나미키야부소바'는 메밀국수 마니아들 사이에서 가장 유명한 가게랍니다.
물이 뿌려져 있다.
와~ ♥
능숙하지 않으면 혼날 것 같아!!
그렇게 초유를 묻혀서야…. 이러니까 먹을 줄 모르는 사람은…
처음 오신 분? 우리 안 받아요.
왜냐하면 전통 있는 메밀국수집, 그것도 아사쿠사 라니…
히~~~~~~~~~익
계산대
신발을 벗고 올라가는 나다미석
2012년에 재오픈했는데 옛 분위기를 잘 살렸네요.
호오!
점심시간이나 휴일에는 굉장히 긴 줄이 생긴답니다.
어서 오세요~
긴장
드르륵

*자루소바: 소쿠리에 담겨 나오는 메밀국수. **카키아게: 해물, 채소 등을 밀가루 반죽에 버무려 튀긴 것.
***카케소바: 국물에 담겨 나오는 메밀국수.

※'야부'는 도쿄의 전통 있는 메밀국수 가게 중 하나다. 이 밖에도 '스나바' '사라시나' 등의 가게가 있다.

*츠유: 간장에 미림, 설탕, 맛국물 등을 혼합한 액상 조미료.

*모리소바: 면과 츠유가 따로 나오는 메밀국수.

※후토우치(굵은 수타면)는 예약이 필요한 메뉴.

타마고야키 ¥650
무 간 것
그리고 마지막은 예약 필수 메뉴인 달걀말이.
예쁜 노란색으로 골고루 구워졌다.
위는 파드득나물로 장식

끊어도 돼요!! 얼른 씹어요!!
이, 이것을 끊지 않고 먹는 것은 불가능한 일이에요…
후‥‥룩‥‥

뭐예요, 이건!?
주~욱
메밀 향이 굉장하네요~!
나카가와 씨
비밀 메뉴인 ※후토우치 (1000엔)예요.

가게가 서민적이지만 운치 있네요.
감사합니다
이케나미 쇼타로가 말했듯이 메밀국수에서 달걀말이까지 전부 맛있었다!

고급 료칸의 조식 같아!!
무 간 것과 함께 먹으면 이게 또 잘 어울려…
감~동

겉은 단단한 크레이프 같고 속은 달걀찜처럼 부드러운데 달콤한 국물이 들어 있어 엄청나게 맛있어!!
탱글탱글!

찾기 어려워! 간판도 없어!
깊숙하다

이쪽이에요.
손님들이 취향에 따라 골라 먹을 수 있도록 *히키타테와 **우치타테 소바 2종류가 준비돼 있어요.
다음은 칸다에 있는 '네무리안'.

*히키타테: 메밀을 제분하자마자 바로 사용하는 것.　**우치타테: 메밀가루를 반죽해서 바로 데친 것.

※ 일본어 '마에'는 전前, '아토'는 후後라는 뜻.

신기
하네요.

신발은 벗고
올라갑니다.

오래된 민가를
사장님이
개조했다는 가게
안은 세련됐지만
안정감이 있어서
무척 멋지다☆

카페 같아!

Q 소바마에란?
메밀국수가 나오기 전에 먹는
술안주나 요리를 말한다.

그럼 디저트는
※소바아토라고
부르나요?

아뇨!

소바
마에?

여기는 소바마에도
몇 종류 있는데
오픈 당시와 비교해
거의 달라지지 않았어요.

직접 만든
두부도
매끄럽고
부드러워
맛있다.

수제
두부
¥320

소금에 찍어
먹는 것을 권함!

맛이 진해서
술이랑
잘 어울릴 것
같네요!

환상궁합!!

술은 못
마시지만
안주류는
무척
좋아함.

그래서 곧바로
소바마에를
주문.

소고기와
무 버번찜 ¥630

겨자

소고기

무

버번이 푹 배어들어 있어
깊은 맛을 낸다.

메밀국수를 후루룩 먹는 거
처음으로 성공했네요.
네에엡
후루룩
첫 번째는 홋카이도 산
모둠 2종 ¥1160
드디어 메밀국수 등장!
엎어놓은 소쿠리에 수북이 올린 메밀국수
※ 실제로는 한 번에 1장씩 나온다.
두 번째는 후쿠이 산
저는 첫 번째가 더 좋았어요 ♡
두 번째 후쿠이 산은 남성적이고 분명한 맛
첫 번째 홋카이도 산은 여성적이고 부드러운 맛
그리고 마음에 드는 것은 각기 다른 맛을 즐길 수 있다는 점이다.
이때 공기도 같이 들어가기 때문에 향도 맛도 더욱 잘 느낄 수 있는 거군요!
후루룩
'후루룩 하고 먹는 것은 능숙함을 표현하는 한 방법일 뿐'이라고 생각했는데…
향기
향기
마지막 가게는 에코다에 있는 '지유상'이에요. 물론 메밀국수가 메인이지만 술과 다른 요리도 즐길 수 있는 가게랍니다.
지유상!
덜컹
덜컹
헤에-
이 가게에는 시기별로 맛있는 산지의 메밀국수가 늘 2종류씩 준비돼 있어요. 산지뿐만 아니라 맛의 대비도 고려해 내놓고 있답니다.

*지유: 일본어 '지유'는 자유라는 뜻. **시라아에: 흰 참깨와 두부를 으깨 양념한 후 채소와 버무린 것.
***카와쿠지라 우메아에: 해산물을 매실장아찌 간 것과 설탕 등의 양념소스를 넣고 무친 것.

*세이로: 나무 찜통. **블랑망즈: 젤리의 일종. ***오오모리: 곱빼기.

지금까지는 메밀국수를 삶은 물인 면수가

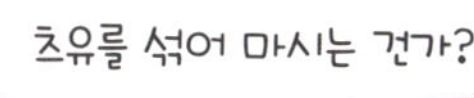

별로 맛있는 줄 몰랐지만
메밀국수를 취재한 후
푹 빠졌다!

특히 '칸다 마츠야'의
메밀국수 면수가
맛있어서 계속
먹었더니 배가
불룩해졌다☆

메밀국수 가게에서 에도의 운치를 즐겨보자~

예나 지금이나 '운치 있는 맛'의 대표 주자 하면 역시 메밀국수다.
특히 '나미키야부소바'는 남녀노소 누구에게나
사랑받고 있는 메밀국수 가게다.
또한 '칸다 마츠야 본점'은 미식가로도 널리 알려진 작가 이케나미 쇼타로가
즐겨 찾던 곳 중 하나다. 역사가 느껴지는 가게 안은
대중적인 분위기라 편안하다. '네무리안'과 '지유상'은 다양한 술과
소바마에가 일품인 가게로 메밀국수의 새로운 시대를 연 곳이라 할 수 있다.
개성 있는 인테리어와 그릇도 좋은 볼거리다.

Spot Data

나미키야부소바
並木藪蕎麦

東京都 台東区 雷門2-11-9
☎03-3841-1340
11:00~19:30
목요일 휴무

지유상
じゆうさん

東京都 中野区 江原町3-1-4
☎03-3951-3397
11:30~14:30, 17:00~20:30
월요일 휴무(국경일인 경우 다음 날 휴무)

칸다 마츠야 본점
神田 まつや 本店

東京都 千代田区 神田須田町 1-13
☎03-3251-1556
11:00~21:00
토요일, 국경일 11:00~19:00
수, 일요일 휴무

네무리안
眠庵

東京都 千代田区 神田須田町 1-16-4
☎03-3251-5300
12.00~14.00(화, 목, 토요일), 17:30~21:00
일요일, 국경일 휴무

장인의 기술이 녹아든
통통하고 부드러운
장어

◎ 우나기 이로카와

◎ 노다이와 아자부이쿠라 본점

◎ 미하루

정말 기대 돼요 ~!!
꺄 ~ ♡
오늘은 전혀 다른 타입의 가게 3곳으로 안내할게요.
장어는 에도 서민들에게 사랑받던 음식이에요.
장어 엄청 좋아~!!
꺄호-!!
이번 맛집 탐방 메뉴는
장어
앗, 도착했어요
간사이 식 장어에 익숙한 사람은 간토 식의 부드러운 맛에 깜짝 놀랄지도 몰라요.
간사이 식
생으로 굽는다
간토 식
굽고
찌고
양념을 발라 다시 한 번 굽는다
참고로 간토와 간사이의 장어 조리법에는 차이가 있어요.
아아… 벌써 맛있는 냄새가 나네요.
냄새 좋아~
쿵쿵
첫 번째로 찾아간 가게는 아사쿠사에 있는 '우나기 이로카와'.
1861년 창업!!

카운터석 끝자리는 장어 굽는 모습을 볼 수 있는 특등석!
축제 때 신주를 모신 가마 메는 일을 삶의 보람으로 삼고 있는 분이죠.
현 사장님은 6대째로, 태어나고 자란 곳이 모두 아사쿠사라고 해요.
저게 사장님 요리법의 특징이랍니다.
'팡' 하는 거
팡
파닥 파닥 파닥 …
팡
파닥 파닥 파닥 …
시라야키 ￥2500
드디어 기다리고 기다리던 장어 등장!
※가격 변동 있음.
어른 세계의 맛이야~
처음 먹는 시라야키!!
마메코 씨도 어른이에요~
냠
양념을 바르지 않고 고소하게 구운 장어. 고추냉이나 간장을 찍어 먹어도 맛있다!

*나라즈케: 일본의 나라 지방에서 울외에 술지게미를 넣어 만든 장아찌의 일종.

*니코고리: 생선껍질이나 생선살 끓인 국물을 식혀 응고시킨 것.

*키모스이: 장어간으로 끓인 국.

역사가 느껴지는 중후한 공간에서 맛보는 장어. 호사스러운 시간을 만끽할 수 있었습니다!
하아~ 행복해!
이 역시 우아한 느낌을 준답니다.
점원들은 기모노 차림.
녹차에서 호지차로 바꿔준다~
그래서 가게로 향했지만…
넵!!
나카노에 있는 '카와지로'라는 가게인데 엄청나게 맛있어요!
나카가와 씨랑 다녀오세요~!
꼭 가봤으면 하는 가게가 있어요!!
그리고 마지막 가게는
편집 담당자 가토 씨
콩콩
어서 오세요
하지만 바로 근처에 자매점이 있다! 그래서 찾아간 곳이 '미하루'.
리뉴얼 중!!
콩 콩 콩
쿠-궁…
※2013년 12월 당시 상황

입구에는 〈맛의 달인〉이란 TV 프로그램에 나온 장면을 캡처해 붙여놓았다!
80회에 나옴!
미하루와 카와지로의 관계☆
아들은 새롭게 '미하루'를 열고 부인, 딸과 함께 가게를 운영하고 있음
아들에게 '카와지로'를 물려줌
'카와지로'에서 장어를 구웠던 주방장
잘 해 봐
먼저 꼬치 세트를 주문!
키모야키
야와타야키
단자쿠야키
에리야키
장어내장
장어살과 우엉을 함께 먹는 것을 추천
머리 부분
몸통 부분
꼬치 세트
¥1200
키모야키는 비린내가 전혀 나지 않아요! 깊은 감칠맛에 쌉싸래한 향이 더해진 게 복잡한 어른 세계의 맛이에요!!
이것은!!
야와타야키는 또 다른 맛이네요. 우엉 향이 장어와 잘 어울려요!
단자쿠야키는 기름이 올라 있네요~! 장어의 맛이 응축돼 꽉 찬 느낌!!
맛있
에리야키는 오독오독한 식감! 겉면은 고소하고 속은 촉촉!
쩌
!!

*카바야키: 장어를 손질해 토막 낸 후 양념을 바르고 꼬치에 꽂아 구운 요리.

그리고
그 맛이란

절묘한
…

하
모
니
!!

푸드득…

조청색으로 빛나는 양념의 윤기!!
끝이 말려 올라갈 정도의 탄력!
살도 두툼하다!!

우나벤
¥1350

딸

안주인

가게분들의
미소 띤
얼굴에서
따뜻한
인품이
느껴져요!

껍질은
쫄깃해서
환상의
식감…

겉면은
파삭하니
고소하고 속은
촉촉하게 녹아!

최
고
얏
!!

비바!
장어
파워!

참고로 다음 날
엄청 팔팔해져서
일을 마구마구
해댔답니다!

다양한
장어를
맛볼 수
있어서
무척 행복한
하루
였습니다☆

장어의 모든
부위를
맛볼 수 있는
인정 넘치는
가게.

고급스러운
장어를
즐길 수 있는
우아한
가게.

운치 있는
도쿄 식
장어를
제대로
맛볼 수 있는
가게.

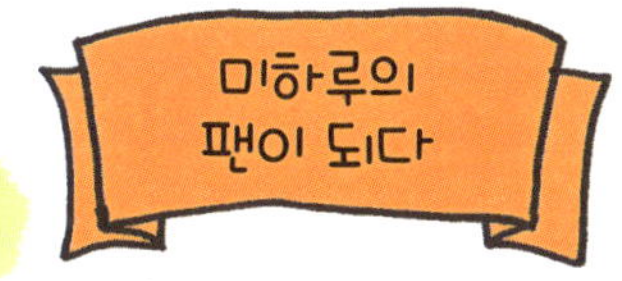

맛집 취재한 이야기를 엄마에게 했더니…

마치 뒤를 쫓듯이 취재한 곳들을
찾아다니셨다!!

특히 '미하루'를 마음에 들어 하셔서 지금은
한 달에 두 번은 꼭 가는 단골이 됐다(웃음).

장어 양념 냄새야말로 최강의 밥도둑

지금은 '장어=고급 음식'이라는 이미지가 강한데 에도 시대만 해도 장어는
크게 토막 내서 꼬치에 꽂아 파는 길거리 음식 중 하나였다. 그것이 현재
'카바야키'의 원조라는 이야기도 있다.
또한 간토와 간사이 지방의 조리법이 다른 것도 장어 요리의 특징 중 하나다.
일반적으로 간토 지방에서는 등줄기를 갈라서 손질한 후 한 번 찐 다음에 양념을 발라 굽는다.
반면 간사이 지방에서는 배를 갈라서 손질한 후 찌지 않고 굽는 것이 특징이다.
'꼬치에 꽂기 3년, 손질하기 8년, 굽기 평생'이라는 말이 있을 정도로
힘들고 어렵다는 장어 요리의 세계. 장어 요리의 최대 매력은 장어와 어우러지는
고소한 양념 냄새가 아닐까. 지금 이 글을 쓰면서 그 냄새를 떠올리는 것만으로도
밥 한 그릇은 뚝딱 해치울 수 있을 것 같다.

Spot Data

우나기 이로카와
うなぎ 色川

東京都 台東区 雷門2-6-11
☎03-3844-1187(예약 불가)
11:30~13:30,
17:00~ (재료 소진 시 영업 종료)
일요일, 국경일 휴무(그 외 부정기
휴무)

노다이와 아자부이쿠라 본점
野田岩 麻布飯倉 本店

東京都 台東区 雷門2-11-9
☎03-3583-7852
11:00~13:30, 17:00~20:00
일요일과 7, 8월 도요노우시노히
(장어 복날) 휴무

미하루
味治

東京都 中野区 中野5-57-10
☎03-6677-1990
12:00~14:00, 17:00~21:00
일요일 휴무

오랜 세월 변함없이
사랑받아온
양식

◎ 렌가테이

◎ 요시카미

◎ 폰타 본가

헤엣~

도쿄에는 메뉴 개발과 관련된 다양한 에피소드와 역사가 있는 양식당이 많아요.

야호~!

오늘은 양식을 먹으러 갈 거예요!

와~♡

양식당의 단골 메뉴인 오므라이스를 주문.

오래 기다리셨습니다!

1895년에 창업했으니까요.

Rengatei
煉瓦亭

첫 번째 가게는 긴자에 있는 '렌가테이'.

오래되고 좋은 양식당이라는 느낌이네요!

원조 오므라이스 ¥1400

뭐예요, 이건??

밥알이 하나하나 다 보인다!

어라? 뭔가 달라요!!

저, 오므라이스 엄청 좋아해요~!

훗

원래는 점원들의 식사 메뉴였다고 해요.

도쿄 식 오므라이스가 바로 이 가게에서 탄생했다는 이야기가 있어요.

이런 오므라이스도 있군요!

처음 봐요. 이런 건!!

그런데 여기 오므라이스는

이런 이미지

밥과 달걀 섞은 것을…

굽는다!

오므라이스 하면

달걀로 밥을 감싼 것

혹은

달걀을 밥 위에 얹어 잘라 먹는 것

몽글몽글

이런 것을 상상하잖아요?

부드럽고 왠지 안심이 되는 맛이다.

얼핏 보기엔 단단한 것 같지만 속은 몽글몽글!

맛있어~!

양파

완두콩

다진 고기

양송이

모락모락~~~

그 맛은

뉴 오므라이스!!

먹으면서 말하지 말지~

햄 라이스는 뭐지?!

SALAD
샐러드–사라다…
양배추사라다…

RICE & BR
원조 오므라이스…
새우라이스…
게살라이스…
햄라이스…

메뉴는 이 밖에도 다양하다. 메뉴명이 올드해서 오히려 기분이 고조된다☆

이쪽도 인기!!

포크커틀릿
¥1400

커틀릿에 채 썬 양배추를 곁들인 곳도 이 가게가 처음이라는 말이 있어요!

적당히 간이 돼 있기 때문에 소스를 안 뿌려 먹어도 괜찮다!

엄마가 만들어주신 필라프 같은 다정한 맛!
훈훈 ♡
먹어 볼래요?
... 어떤 맛 이에요?
햄라이스 ¥1300
궁금해서 주문해봤습니다!
잘게 썬 햄
양송이
완두콩
양파
햄 1장이 두-둥! 올라가 있다!!
이곳에서 행복한 시간을 즐기는 듯한 손님들이 많아서 우리 마음도 따뜻해졌다☆
'여기에 오면 당연히 커틀릿!'이라고 생각하는 분이 많아요.
어르신들 중에도 커틀릿을 주문한 사람이 꽤 있네요.
가족들, 점심을 먹으러 온 회사원들 그리고 어르신들까지 다양하다.
커틀릿을 먹는 중
하이라이스를 먹는 중
'렌가테이'의 고객층은
오므라이스를 주문하는 중
혼자 온 손님도 제법 있다!
아, 요시카미는요~
길을 잃어서 물어물어 왔는데 다들 가게를 알고 있어서 다행이었어요.
그렇다. '요시카미'는 아사쿠사 사람이라면 누구나 알고 있는 유명한 가게!
요시카미는 말이죠!
죄송해요. 너무 늦었죠?
다음은 아사쿠사의 '요시카미'로~
타다닥
여기서부터 합류한 가토 씨

가게 앞에는 이런 안내문이!
만석이라 기다려야 할 때는 점원에게 이름과 인원수를~
친절해!
–하지만 우리는 곧바로 가게 안으로~
너무 맛있었서 조송합니다!
요시카미
가정적인 분위기의 양식당 이네요.
왠지 기분이 좋네요~!
어서 오세요
겉옷은 이쪽으로~
어서 오세요!
귀여운 인상의 점원
만드는 모습이 보이는 것도 신선하네요.
철저 하네요!
냅킨
접시
컵
의자에도!!
젓가락
YOSHIKAMI
찻잔
캐릭터가 여기저기에 그려져 있다!
이 캐치프레이즈와 캐릭터가 유명한데…
'요시카미' 하면
너무 맛있어서 조송합니다!

손님?
사장님도, 디자이너도 아니고!
…가 아니라 손님의 아이디어라고 들었습니다.
네, 저희 사장님께서…
이건 사장님의 아이디어 인가요?
이렇게 해서 캐치 프레이즈와 캐릭터가 정해졌다고 합니다!
그럼, 이런 그림은 어때요?
자, 이 중에서 뭐가 좋아요?
선대 사장님이 가게를 열고 얼마 후 손님과 담소하던 중 "가게의 캐치프레이즈를 내걸자"라는 이야기가 나와
요시카미
캐치 프레이즈와 캐릭터 탄생 비화☆
좋은데요!!
세 번째가 좋네요!
선대 사장님
(이런 이미지)
너무 맛있어서 죄송합니다!
비프스튜
￥2350
부드럽게 푹 삶아진 소고기가 듬뿍~ 감자튀김, 강낭콩, 당근이 곁들여져 있다
하이라이스
￥1250
소고기, 양파, 죽순, 양송이 등이 듬뿍 들어간 루~
'너무 맛있어서 죄송한!' 요시카미의 추천 메뉴를 주문.
햄버그 스테이크
￥2350
두툼한 햄버그스테이크 옆에 포테이토샐러드& 양배추
YOSHIKAMI

포크로 눌렀을 뿐인데도 쉽게 뭉개져!

비프스튜는 고기가 놀랄 만큼 부드럽다!

나이프로 잘랐더니 육즙이 배어 나와요!

좌르르~

햄버그스테이크는 육즙이!

감칠맛이 있네요! 죽순의 식감이 더해져서 좋아요!

가장 인기가 많은 하이라이스는 신맛이 없고 부드러운 풍미.

선물로도 좋아요!
안전 귀가의
패스포트
카츠
샌드
¥1100

정답은 '안전 귀가의 패스포트' 입니다~!

전혀 안 비슷하잖아요!!

그런 게 있었어요? '너무 두툼해서 죄송합니다!' 인가요?

카츠샌드의 캐치 프레이즈는 알고 있어요?

아깝게 틀렸네요!

알아요! 커틀릿이 두툼하죠!

참고로 요시카미는 테이크아웃용 커틀릿 샌드위치도 유명해요.

카츠샌드   ¥1100

'안전 귀가의 패스포트'는 사실이었다!!

뭐야 이거, 엄청나게 맛있어!!

원하면 언제든 또 사다드릴게요!!

앗!

카츠 샌드!?

선물 사왔어요~

※엄마한테 아이를 맡겨놓음

그런 카츠샌드를 시험 삼아 사갔더니…

다녀왔습니다~

마지막은 우에노에 위치한 '폰타 본가'에서 일품 튀김으로!
여긴 지금까지의 양식당과는 전혀 다른 외관이네요.
어랏?
중후한 느낌이죠. 순간 압도된다고나 할까?
안 어울리는 2人…
폰타 본가는 커틀릿이 유명한데 제가 꼭 추천하고 싶은 것은…
그건 넘어가고
대충 입어서 죄송합니다…
뭔가 다들 깔끔한 모습이에요.
여기는 양식당 중에서도 고급스러운 편이어서 제대로 차려입어야 할 것 같은 분위기죠.
껍질을 벗기면 부처 얼굴이 새겨져 있어 절을 하고 싶어진다는 건가?
꾸벅…
아, 나왔어요!
ハ
튀김에 저절로 절을 하고 싶어지는! 처음 먹었을 때 그 정도로 감동을 받았어요.
스카이트리를 닮은 아스파라거스 같은 거?
하시라 (기둥) …?
하시라 튀김 이에요!!
ハ

※ 재료가 떨어질 수도 있기 때문에 예약하는 것이 좋다.

다른 튀김도 전부 맛있다!!
오징어튀김 ¥2625
두둥!
커틀릿 ¥2625
앞니로 바삭 베어 물 수 있다! 속은 반쯤 안 익었음!!
흔히 '흰 돈카츠'라고도 불린다. 비계가 없어 깔끔한 편으로 육질이 부드~럽다!
야아ー
이걸 먹기 위해 어제 맥주도 참고 목욕탕에서 물도 안 마신 보람이 있네요!!
행복해...
세 잔째...
튀김, 밥, 맥주. 이런 순서로 먹는 게 최고예요!!
뭐야, 이 기묘한 트라이앵글은!
전부 맛있어요!!
호사스러운 시간을 보낸 굉장히 만족할 만한 맛집 탐방 이었습니다!
아~ 맛있었어!!
익숙한 양식 메뉴였지만 전부 신선한 발견이어서 감동!
그렇지만 위가 꽉 찬 느낌도 없어요!!
아무리 그래도 그 정도는 아니지 않나...
산뜻해서 튀김을 먹었다는 느낌이 안 들어요. 채소를 먹은 것 같다고나 할까?

가게 입구의 작은 선반에는 사장님 손자가
만들었다는 *테루테루보즈가
놓여 있다. ✿

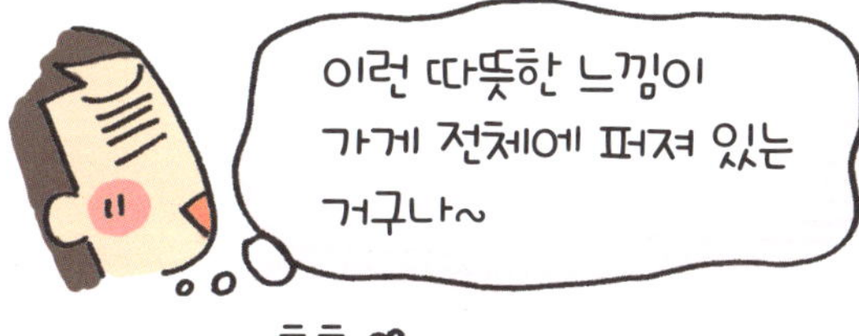

*테루테루보즈: 맑은 날씨를 불러온다는 일본의 인형.

좋아하는 맛이 총출연하는 양식당!

일본에 들어온 서양 요리(주로 프랑스나 영국 요리)를 부담 없이 먹을 수 있게,
구하기 쉬운 식재료로 재창조한 것이 지금 우리가 먹고 있는 일본의 양식이다.
때문에 어느 요리나 낯설지 않고 아이부터 어른까지 두루 좋아하는 맛을 갖추고 있다.
그중에서도 이 책에 나온 양식당 세 곳은 한결같이 가게의 맛을 지켜왔을 뿐 아니라
요리 하나하나를 정성들여 만들어온 곳이다. 이번에 소개한 메뉴 외에
'렌가테이'의 새우튀김과 '요시카미'의 두툼한 스테이크
그리고 '폰타 본가'의 비프스튜도 기회가 된다면 맛보길 권한다!

Spot Data

렌가테이
煉瓦亭

東京都 中央区 銀座3-5-16
☎03-3561-7258
11:15~15:00(LO 14:15),
16:40~21:00(LO 20:30) |
토요일 ~20:45(LO 20:00)
일요일 휴무

요시카미
ヨシカミ

東京都 台東区 浅草1-41-4
☎03-3841-1802
11:45~22:30(LO 22:00)
목요일 휴무(국경일엔 영업)

폰타 본가
ぽん多 本家

東京都 台東区 上野3-23-3
☎03-6677-1990
12:00~14:00, 17:00~21:00
일요일 휴무

도쿄에서만 맛볼 수 있는
아주 특별한

라멘 가게

◎ 주방

◎ 이치리키

◎ 산카쿠

◎ 벤텐

*탄멘: 기름에 볶은 채소를 곁들여 소금 간을 한 국물에 만 중국 국수.

그릇에 가득 담긴 채소들!
목이버섯
당근
돼지고기
부추
배추
청경채

그런데 웬걸! 이 탄멘 (630엔)은 보기에도 먹음직 스럽다!

…그게 탄멘은 왠지 별로 안 당긴다고나 할까?
오노 씨
엣, 정말?!
여태까지 탄멘을 한 번도 먹어본 적 없는 나.

겉면은 노릇노릇한 갈색! 소를 단단히 감싸고 있는 살짝 두꺼운 피!
그리고 탄멘의 짝꿍인 교자!
¥370

납작하고 구불구불한 면도 국물이 잘 배어 있어 맛있죠?
정말 이네요!

이 국물은 깔끔하게 소금으로만 간했는데도 단맛이 충분히 우러나 있어.
뭐야 이거! 맛있잖아~!!

깔끔한 탄멘 국물에 마늘과 부추 풍미가 더해져 보다 깊은 맛이!
오노 씨
탄멘 가게의 교자는 담백하게 간해서 탄멘과 잘 어울린답니다.
최고의 조합!!

후루룩
!!
그럼 탄멘 국물을 먹어봐요.
교자피의 바삭한 식감이 최고예요! …근데 맛이 살짝 부족한 거 같은데?

모두 설레며 닛포리로 이동.
두 번째로 갈 곳은 '이것이야말로 도쿄 라멘'이라는 느낌의 집! 옛날 그대로의 중화풍 라멘을 먹을 수 있는 가게로 GO!!
예~엡!!
탄교 먹으러 또 가야지!
오늘 처음 먹어봤는데 무척 만족스러운 맛에 순식간에 탄멘이 좋아졌다!
지극히 평범한 가게처럼 보이는데…
… 여기인가요?
펄럭
'이치리키'.
中華料理
一力
中華料理
라멘 ¥600
나루토 어묵
죽순
*고마츠나
돼지 목살구이
오래 기다리셨습니다~!
아, 네에…
여기 쇼유라멘은 한입 먹으면 바로 반하는 맛이랍니다.
콩닥♡

*고마츠나: 유채의 일종.

후루룩
바로 먹어보니…
맛있겠당
닭고기 육수에 간장으로 간한 국물, 구불거리지 않는 가는 면, 나루토 어묵, 죽순, 고마츠나(가게에 따라서는 시금치). 그야말로 도쿄 라멘의 정석이죠?
후루룩
그렇죠? 돼지 넓적다리뼈랑 닭고기 육수뿐인데도 굉장하죠?
가는 면도 매끈해서 식감이 좋고 맛있네요!
음~~~
풍덩
깊은 감칠맛!!
세 번째 가게는 메지로 역 근처 주택가에 있는 '산카쿠'.
창업한 지 35년 된 '이치리키'.
오랜 세월 부부가 이 맛을 계속 지켜오고 있다고 생각하니 마음이 따뜻해졌다.
우와!! 요정 같은 분위기네요!!
또 올게요-!

여기는 쇼유라멘의 전통적인 맛을 지키면서도 현대풍으로 멋을 낸 것이 특징이랍니다. 특히 완탕면은 최고죠!!
침이 주르륵...
조미료통
냉장고!!
가게 안은 고전적이면서 멋진 잡화와 가구들로 가득!
장작 스토브
갖고 싶어~!!
이 가게는 원래 신주쿠의 오모이데요코초에 있었는데 그 주변에서 화재가 나면서 함께 불타버렸어요.
분위기가 차분하고 편하니까요.
여자 손님들도 많네요.
고맙습니다~
그 후 더 좋은 맛을 내기 위해 끊임없이 연구하고 노력했답니다.
훈훈한 이야기네요!
그 화재로 당시 사장님(현 사장님의 아버지)의 건강이 나빠져 가게는 휴업했다.
하지만 불탄 자리에 오랜 단골들의 영업 재개 요청 메시지가 잇따르고….
결국 현 사장님이 결단을!!
내가 일으켜야 해!!
힘내세요! 재개해주세요!! 기다릴게요!
휴업 중
산카쿠☆히스토리☆

*츠케멘: 소스에 면을 찍어 먹는 라멘의 일종.

잘 먹겠습니다!
달걀은 단밀이라는 증거~ ♥
오노 씨가 오랜 단골이라서 서비스로☆
난밀에게 넣어주는 달걀
죽순
파
김
하프 사이즈. 여성은 이걸로 충분!
구운 돼지고기
고추기름
츠케멘
¥800
이 가게는 츠케멘 분야에서는 라멘 장인도 고개 숙일 정도로 맛있는 곳이랍니다.
그리고 진한 국물!
다른 가게보다 3배나 진하게 육수를 우려내기 때문에 감칠맛이 살아 있죠.
수타면이라 쫄깃쫄깃, 탱글탱글, 매끈매끈!
은은한 단맛이 느껴져 더 맛있다!
쭉 뻗은 굵은 면
후룩…
맛있어!
지방은 물론 도쿄에 사시는 분들도 감동의 도쿄 라멘을 꼭 드셔보시길!
이번에 소개한 곳 외에도 '코우카이보우'라든가 '가도'라든가 '마루타마' 같은 가게도 있으니…
또 라멘이 먹고 싶을 때는 뭐든 물어보세요!
오늘 고마웠습니다~!
진한데도 질리기는커녕 계속해서 먹게 되는 맛에 감동했다!
그래서 두꺼운 면인데도 질리지 않고 끝까지 먹을 수 있는 거군요!
다 먹음!

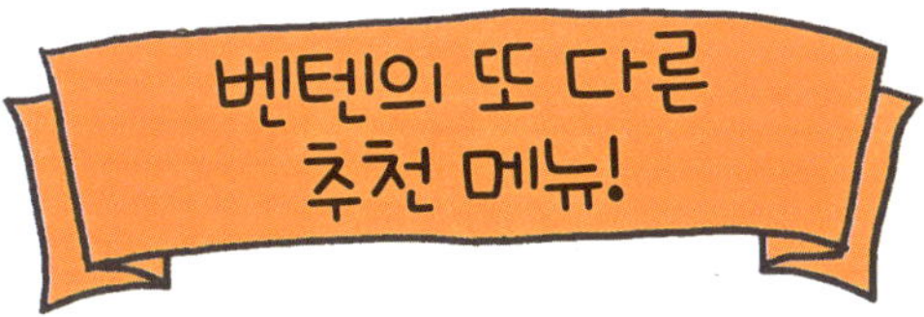

여기에 소개하진 못했지만
이것도 오노 씨가 추천한 메뉴!

시오라멘 ¥850

소금으로만 간했는데도 맛이 전혀
가볍지 않다! 먹어보면 깜짝 놀랄 만큼
진한 맛의 시오라멘☆

기꺼이 줄 서서 먹을 만한 가치가 있는 라멘

라멘 격전지인 도쿄에서는 풍부한 맛과 함께 가게마다
특색 있는 라멘을 만날 수 있다. 그중에는 '이게 라멘이야?'라고 느껴지는 것도 있지만
역시 계속 방문하고 싶어질 만큼 중독되는 것이 '이치리키'의
쇼유라멘과 '산카쿠'의 완탕면이다.
그리고 '탄교'라는 말을 처음 사용한 탄멘의 명가 '주방'이나 츠케멘의 총본산 '벤텐'은
라멘을 좋아한다면(그렇지 않더라도) 꼭 한 번 가봐야 할 가게다!
가게 앞에 길게 줄을 서는 것은 분명 그럴 만한 가치가 있는
맛과 만날 수 있기 때문이다.

Spot Data

주방十番
東京都 中野区 東中野3-7-26
☎03-3371-0010
11:30~14:30(LO 14:20),
17:00~21:15
(재료 소진 시 영업 종료)
수요일, 둘째·넷째 목요일 휴무

산카쿠さんかく
東京都 豊島区 目白3-2-14
☎비공개
월~토요일 11:30~15:00(LO 14:30)
금, 토요일 17:30~20:30
일요일, 국경일 휴무
※어린이 손님은 사양함.
※면류 1인분도 주문 가능.

이치리키一力
東京都 台東区 谷中7-18-13
☎03-3821-2344
12:00~14:00, 17:00~19:00
월요일 휴무

벤텐べんてん
東京都 豊島区 目白高田3-10-21
☎비공개
월~금요일 11:00~19:00
토요일, 국경일 11:00~16:00
일요일 휴무

◎ 델리 긴자점

◎ The KARI

◎ 사카에야

◎ 카에루식당

지금은 문을 닫은 요코하마 카레 뮤지엄의 초대 명예관장이던 오노 씨가 말하길…
도쿄는 카레의 메카.
카레 맛은 전국 1등 !!
카레당 당수
탁
그런 카레 격전지 도쿄 안에서도 오노 씨가 강력 추천한 가게를 소개하겠습니다!
Goo!!
첫 번째 가게는 '델리 긴자점'.
63료
이 빌딩의 3층
이곳의 명물은 카슈미르 카레예요.
여기에 영향을 받은 카레 가게들이 전국에 퍼져 있답니다.
패밀리 레스토랑의 카레 경연대회에서도 카피 메뉴가 나올 정도.
그럼 분명 맛있겠네요.
그게, 맛있기는 한데…
엣?
그렇다. 사실 이 카슈미르 카레는…
엄청 맵다 !!
전 처음 먹었을 때 너무 매워서 맛이 안 느껴질 정도였어요.
나는 한입에 포로가 돼버렸지.
그… 그렇게 무서운 카레——…?

카슈미르카레 ￥950
자, 잘 먹겠습니다…
두근 두근
덥석…
치킨
감자
묽은 국물
오래 기다리셨습니다.
마메코 씨는 카슈미르카레로 할 거죠?
선뜻
서… 설마!!?
한약재 같은 맛도 나는데 뭘까…? 굉장히 중독성이 있어!!
확실히 매운맛은 강렬하다!!
맛있어!!
멈출 수 없는 맛!!
얼?
…이거, 맛있어!
'맵다'라고 생각한 순간
!!
나도 한 방에 카슈미르카레의 포로가 돼버렸습니다. ♡
네
이거 주세요 ♡
돌아갈 때는 카운터에서 판매하고 있는 레토르트 제품을 구입.
매운 거 잘 먹는 사람이었구나.
그래서 단맛에서 복잡하고 깊이 있는 맛이 느껴지는 거죠.
갈색이 될 때까지 볶은 양파에 수십 종류의 향신료를 더해 만든 거예요.

*소테: 버터를 녹인 프라이팬에 채소나 잘게 썬 고기를 넣어 굽는 요리.

매콤하면서도 순한 느낌!
각각의 향신료가
잘 어우러진 맛이에요.

양배추의
단맛과
비니거의 산미,
아삭아삭한
식감이 절묘해!!

복잡하고 깊은 맛!
은은하게 과일의 풍미도….
고기도 엄청나게
부드러워~!!

감자는
강황과 커민 향!
내가 좋아하는
맛이야~!

그리고 그
너머에
있는 맛은
…
향신료의
맛있쪄
하모니

아, 비프가
부드러운 것은
말이죠. 카베르네
쇼비뇽이란
와인을 넣었기
때문이라고 해요.

굉장한 양의
향신료를
사용하고
있거든요.

사장님
대단하네,
라고
생각했죠.

저는 말이죠,
처음
이 가게에
왔을 때
충격을
받았어요.

헤에~

아~
그 향신료의
하모니를
또 맛보고
싶어…

돌아오는 길에
향신료의
깊은 풍미가
떠올라 벌써
그리워졌습니다
☆

계산서 집게
모양이 다양하다
작은 은 접시 모양
계산이 끝난 후
주는
귀여운 인형
가지 모양
개인적으로 호감을 느낀 부분☆

*후쿠신즈케: 무, 가지, 연근, 생강 등의 채소를 간장, 미림을 섞은 조미액에 절인 것.
**켄친지루: 튀긴 두부, 우엉 등을 넣고 끓인 장국.

학교 급식에도 이것이 사용된다고 합니다.

우리에게도 친숙함 ♡

REGISTERED TRADEMARK
S&B
Spicy Curry Powder
特製エスビーカレー

사용하는 카레가루 중 하나는 S&B사 제품이라고 한다.

그래서 그리운 맛이 나는 거구나!

하지만 제대로 만들려면 시간과 정성이 많이 들죠.

사장님

저희는 요리책에 실린 것 같은 평범한 카레를 만들고 있을 뿐입니다.

주방이 아주 깨끗하죠?

반짝 반짝

마메코 씨, 저것 좀 보세요.

뭔데요?

그것 참 큰일이네요!

괜찮다면 후쿠신즈케랑 락교도 담아드릴게요.

냄비와 그릇을 지참

루만 따로 살 수 있나요?

가게에는 이런 손님도 ♡

감기에 걸려서

혹시 이렇게 생각하지 않을까?

…조잡한 성격이 드러나는 카레군요.

나카가와 씨가 우리 집 카레를 먹게 된다면 뭐라고 말할까…

깔끔한 맛이 나죠? 사장님의 성실함이 드러나는 거예요.

나카가와 씨의 이야기에 감탄하면서

그리고 이런 점이 맛에도 반영되는 거죠.

청결!

별거 아닌 것 같지만 대단한 거예요.

가게 이름만 그런 거잖아요!!
히익
사실 나카가와 씨는 개구리를 몹시 싫어한다.
카에루=개구리
무슨 일이에요, 나카가와 씨?
어라? 오늘은 시간이 된다고 했잖아요?
저는 일이 좀 생겨서
이만...
마지막은 이케부쿠로에 있는 '카에루식당'.
하지만 결국 가게 됨.
여기서 가지 않으면 푸드라이터로서의 프로 근성에 흠집이~
그렇죠
질질...
전 개구리를 정말정말 싫어해요!!
초등학교 시절 시험에 개구리 그림이 나왔을 땐 필통으로 가리고 문제도 안 풀었을 정도라고요!! 그리고 그 필통도 시험이 끝나자마자 곧장 버렸다고요.
구시렁구시렁
그... 그 정도까지?
... 노 코멘트
개구리 느낌이 그렇게 강하진 않죠? 귀여운 소품이 조르르 장식된 정도고.
세련된 카페풍의 가게 내부☆
우여곡절 끝에 가게에 도착.
かえる食堂
OPEN
カレー

도쿄는 카레의 격전지라서 절차탁마切磋琢磨하고 있는 카레 가게가 엄청 많아요. 그 속에서 기존의 카레를 더욱 진화시키려는 장인이 도쿄 곳곳에 있고 그중 가장 대표적인 곳이 이 가게랍니다.
사장님은 야구 선수 이치로를 닮았네요.
직장인들이나 여자 손님들에게 인기가 많아 점심시간에는 늘 만석!
단무지 같은 식감의 뭔가가 들어 있어서 단맛도 나고…. 뭐지?!
매콤한 인도 카레이지만 어딘가 다르다!!
맛있다~
믹스카레 ￥800
그런 '카에루식당'에서 주문한 것이 이것.
닭봉
치킨 육수로 만든 하이난라이스
우엉, 무, 단호박, 고구마, 감자 등 채소가 듬뿍!!
… 근데 나카가와 씨는 뭘 주문했죠?
엉?
여자 손님들이 많은 이유를 알겠어요♡
닭봉은 육즙이 많고 뼈에서 훌렁 떨어질 만큼 부드럽다!
겨자씨가 알알이 있어 재미있다!
존재감 있는 향신료도 좋은 느낌이네요!
그 비밀은 바로 정성이 들어간 채소!
무
말려서 맛이 진하고 식감이 단무지 같다!
우엉
돼지안심 국물에 한 번 삶아서 달다!

센스 만점 안주인!!
여자 손님들에게는 서비스로 귀여운 일러스트를 그려줘요!
푸흐흐흡…
하필이면!!
설마 했던 개구리 그림이!!
두ㅡㅡ둥!!
미도리카레 ￥750
왠지 피부가 좋아 보여!!
그렇게 카레 맛집 취재를 끝냈는데…
다음 날
카레에서 '맛있는 음식을 대접하고 싶다!'라는 사장님의 열정이 마구 전해져 와서 힘이 났습니다!
폭신 쫀득
참고로 이 가게는 케이크도 인기!
시폰케이크 ￥350
안주인 작품
굉장히 폭신하고 탄력이 있어서 맛있다~!!
맛있으면서 건강과 피부에도 좋은 도쿄 카레. 여러분도 꼭 드셔보세요!
비쩍 마르는 경험은 내가 했는데…
개구리…
아, 그거 카레 효과예요! 건강에 좋은 향신료가 듬뿍 들어 있잖아요.
그렇죠!
게다가 기운이 팔팔!
그리고 날씬해진 느낌이 든나!!

이 가게의 레토르트 제품은
고급 슈퍼마켓에서도 팔리고 있다!

취재 후 발견하고 무척 기뻤다!

레토르트 제품은 가게에서 먹는 것보다
더 매운 느낌이?

궁극의 카레 맛을 경험할 수 있는 도쿄

한번 맛을 보면 아찔한 향신료의 세계에 흠뻑 빠지게 되는 카레.
원래 인도에서 시작된 요리지만 이제 일본을 대표하는 메뉴가 됐다.
이 책의 편집 담당자인 오노 씨의 말처럼 도쿄는
궁극의 카레 맛을 경험할 수 있는 가게들이 모여 있는 곳이기도 하다.
그렇다면 어떤 순서로 카레 가게들을 순례하는 것이 좋을까?
일단 카레 마니아들의 등용문 격인 '델리'에서 자신이 매운맛을 얼마나
견딜 수 있는지 그 한계를 시험해본다. 다음은 'The KARI'에서 섬세하면서도
깊은 향신료의 맛을 음미하고, '카에루식당'에서 카레가 갖고 있는 다양한 맛의
세계를 경험한다. 마지막으로 '사카에야'에서 마음이 편안해지는 맛으로 치유받는다.
색다른 도쿄 카레 릴레이, 여러분도 꼭 완주해보길~.

Spot Data

델리 긴자점デリ − 銀座店
東京都 中央区 銀座6-3-11
西銀座ビル 3F
☎03−3571−7895
월~금요일 11:30~22:00(LO
21:20) | 토, 일요일과 국경일
11:50~22:00(LO 21:20)
연중무휴

The KARI
東京都 港区 新橋5-31-7
中村ビル 1F
☎03−3437−2526
11:30~14:30
토, 일요일과 국경일 휴무

사카에야サカエヤ
東京都 台東区 東上野1-6-3
☎03−3831−6428
월~금요일 10:30~15:00,
16:00~20:00 |
토요일 10:30~15:00
일요일, 국경일 휴무

카에루식당かえる食堂
東京都 豊島区 池袋3-6-1
第2 京花荘 1F
☎03−5950−6077
화~토요일 11:30~17:00
일, 월요일과 국경일 휴무

일본 전통 디저트

◎ 키노젠

◎ TORAYA CAFÉ
  오모테산도힐스점

◎ 타케무라

*바바루아: 과일, 우유, 달걀, 설탕, 젤라틴 등의 재료로 만든 프랑스 디저트.
**안미츠: 젤리처럼 굳힌 한천과 과일 위에 팥소를 올리고 시럽을 끼얹어 먹는 일본 디저트.
***고시안: 삶은 팥을 으깨어 체로 받아 만든 팥소.

*츠부안: 팥알을 삶아 으깨지 않은 팥소.

'키노젠'에는 이 밖에도
밤 안미츠나
호두단팥죽 등
꼭 한 번 맛봐야 할
디저트가 많답니다!
모든 메뉴를 맛보고 싶어!
세심한 손길과 좋은 식재료에서 나오는 고급스러운 맛에 황홀~
일본차와 함께 나오는 센베이도 귀엽다.
돼지 모양
'TORAYA CAFÉ'
Seasonal Sweets
TORAYA CAFÉ
반 — 짝
두 번째 가게는 오모테산도에 있는 '토라야 카페'.
토라야 하면...
이런 느낌?
와 —
오래 기다리셨습니다.
와, 생각했던 이미지랑 전혀 다르네요. 모던해!!
반짝 반짝해!
전통 있는 '토라야'가 이런 트렌디한 디저트 카페를 운영하고 있다는 사실이 놀랍죠?

*오구라안: 삶아 으깬 팥에 꿀에 잰 팥고물을 넣은 팥소. **시로안: 흰 떡소.

*사쿠라유: 절인 벚꽃을 뜨거운 물에 넣은 음료.

*오하기: 멥쌀과 찹쌀을 섞어 쪄서 가볍게 치댄 후 동그랗게 빚어 팥소나 콩가루 등을 묻힌 떡.

혼자 들어오기 쑥스러우니까 단체로 온 걸까?
남자 넷이서 단걸 먹으러 오다니, 드문 일이네요.
대학생?
여서 오세요~
그런 와중에 이틴 손님이…
네, 그러네요.
단호
이렇게 맛있는 걸 지금껏 몰랐다니…
인생 손해 봤어!!
이거 오늘부터 내가 좋아하는 음식으로!!
찐 조 위에 고시안을 얹은 거예요.
헤!!!
점원한테 물어보자!
아와젠자이는 뭐야?
수균
글쎄~ 메뉴를 잘 모르겠어.
수균
무심코 귀 기울여 듣고 있는 우리.
뭘로 할래?
여기에도 비슷한 사람이...
에헤헤
여러분도 꼭 가보세요!
남자들도 소문을 듣고 방문하는 유명 가게에
이야~ 충격이었어요 !!
거품 젠자이
그, 그런 참신한 생각을!!
아와라고 적혀 있어서 거품이라고 생각했어!
※ 거품과 조는 둘 다 일본어 발음이 아와이다.

토라야 카페에서는 포장해갈 수 있는
단팥빵도 팔고 있다.

선물로 사서 돌아갔습니다 ☆

남자들도 좋아하는 화과자의 매력

주위를 둘러보면 평소에는 단것을 잘 먹지 않는 사람일지라도
화과자나 디저트에는 손을 뻗는 사람들이 많다. 그리고 남자들 중에도 의외로
디저트를 좋아하는 사람이 꽤 있다.
'타케무라'에 갔을 때 남학생 그룹을 보고 그 사실을 실감했다. 역사와 전통이 있는
가게 안에서 최신 유행 패션을 한 그들의 차림은 조금 튀기도 했지만 편의점이나
패밀리레스토랑의 디저트 세대가 오래된 가게의 맛을 즐기는 모습은 흐뭇했다.
'TORAYA CAFÉ'나 '키노젠' 같은 전통 과자점이 나이 든 사람뿐만 아니라
젊은 층에게도 어필할 수 있는 이유는 옛 맛을 지키면서도
새로운 과자를 계속 선보이고 있기 때문이 아닐까?

Spot Data

키노젠紀の善
東京都 新宿区 神楽坂1-2
紀の善ビル
☎03-3269-2920
화~토요일 11:00~20:00
(LO 19:30) |
일요일, 국경일 11:30~10:00
(LO 17:00)
월요일 휴무(국경일인 경우
다음 날 휴무)

TORAYA CAFÉ 오모테산도힐스점
TORAYA CAFÉ 表参道ヒルズ店
東京都 渋谷区 神宮前4-12-10
表参道ヒルズ本館 B1F
☎03-5785-0533
월~토요일 11:00~22:30
(LO 21:30) | 일요일
11:00~21:30(LO 20:30)
연중무휴

타케무라竹むら
東京都 千代田区 神田須田町
1-19
☎03-3251-2328
11:00~20:00(LO 19:40)
일요일, 국경일 휴무

고집이 담긴 재료에
깊이 배어든 국물~
오뎅에 빠지다!

◎ 아사쿠사 오뎅 오타후쿠

◎ 오뎅토코로 코나카라 본점

◎ 니혼바시 오타코 본점

이번 맛집 탐방 메뉴는
오뎅!
도쿄 오뎅 하면
간장으로 간한
짙은 국물을 떠올리는
사람들이 많은데
꼭 그렇진 않아요.
이번 멤버 一☆
오뎅~♪
운치 있는
가게예요!
분위기가
좋네요~
개점
전부터
줄이~
첫 번째 가게는
아사쿠사
외곽에 있는
'아사쿠사 오뎅
오타후쿠'.
등롱이다!
진짜 오뎅 가게 같아~
우와~
영화에 나올
것 같은
공간이네요!!
어서
오세요~
여기는
단연
카운터석을
추천!
테이블석과
다다미석도
있지만

*츠미레: 다진 생선살을 밀가루 반죽과 함께 동그랗게 뭉쳐 삶은 것.
**아와후: 밀기울과 조를 섞어 노랗게 쪄낸 것.
***아츠아게: 두껍게 썰어 기름에 튀긴 두부.

무을 씹으면 깊이 배어든 국물이 입안 가득 흘러나온다.
주르륵
국물은 담백하고 맛있네요. 일품이에요!!
쿄토 스타일 같아요~
은행도 굵어요! 국물을 빨아들여서 오동통!!
아와후는 부드러우면서도 쫀득쫀득! 소박한 맛이 느껴져~!
하아~
감사 합니다.
엄청 맛있어… 행복해♡
맛에 반해 가야 할 가게가 2곳 더 남아 있다는 사실을 잊고 계속해서 주문하는 사람들.
저도 미역줄기랑 송이버섯, 고비, 양파 주세요.
맛있겠다!! 저도 다음엔 미역줄기를…
미역줄기도 꼬들꼬들한 식감에 국물이 배어든 정도가 절묘해!
이번에는 미역줄기 붐
옛날에야 그런 손님들이 오시면 다른 손님들이 불평하는 경우가 있었지만.
최근에는 술을 못 마시는 손님들도 많이 오니까 신경 쓰지 않아도 된답니다.
술 못 마심
마메코 씨, 오뎅 가게 처음이죠?
술을 마시지 않으면 다른 손님들이 싫어할 것 같은 느낌이 들어서요….

마지막에는 오뎅 냄비를 앞에 두고 사진까지 찍었다!

거북하기는 커녕 매일 오고 싶어지는 편안함!

찰칵!

저도 술 마시고 있는데, 왜요?

...라고 큰소리치지만 술잔 속은

재치 있는 방법이네요.

텅 빔

그럴 때는 빈 술잔을 놔둔답니다.

그러면 있기 힘들죠.

와 ♡

가게 안에 들어서자 가장 먼저 눈을 사로잡는 것이

여기는 색다른 오뎅이 가득한 가게랍니다.

이어서 오차노미즈에 있는 '오뎅토코로 코나카라 본점'으로~

정말이네! 이름도 귀여워!

재미있는 오뎅이 잔뜩 있네요!

이 가게의 명물이랍니다.

표주박 모양 냄비다!!

자가마루(동글감자) 씨!

오코게(누룽지) 씨!

곧바로 주문!!

짜━━━━━━━━안!!
미역귀
쑥수제비
흰 토란대
오뎅 꼬치 1개
¥200~400
오코게 씨
지역 달걀
생표고버섯
연근떡
경채
오곡주먹밥에 국물
유자
파드득 나물
정어리 동그랑땡
양하
겨울 한정 카키오뎅
¥1100
표주박 무
전부 국물이 제대로 배어들어 참을 수 없네요!
쑥수제비는 쑥의 향긋한 향!
모락~
아삭!
흰 토란대는 땅두릅 같기도 하고 셀러리 같기도 한 아삭한 식감!
츄릅~…
가보마루 (동글호박) 씨 주세요.
이 와중에 유독 여자들이 좋아하는 오뎅 종류를 주문하는 남자가…
여자들이 좋아할 만한 종류가 많네요.
오뎅도 이 가게에서 직접 만들고 있답니다.
쑥수제비라든지
우물 우물

*고마다래 고마스리: 깨소금 넣은 조미 국물을 고마다래라고 하는데 이것과 발음이 비슷한 고마스리(아부)를 붙인 말장난.

*고부마키: 청어 등을 다시마로 말아서 익힌 요리.

*차메시: 찻물로 지어 소금으로 간한 밥 혹은 간장과 술로 지은 밥.

와♡
부스럭
부스럭
귀가
조심히 들어가세요
그래서 선물로 포장했다.
포장용기를 갖고 싶어서 일부러 포장을 해가는 손님들도 있을 만큼 인기랍니다.
배부르면 포장해 가는 건 어때요?
그냥 진하기만 한 것이 아니라 제대로 맛이 배어들었어!!
이것이 동쪽의 맛인가 !!
오뎅은 간사이 출신인 남편에게도 호평을!
용기가 캔이야~!!
귀여워~!!
캔은 별도 ￥500
다음번엔 가족과 함께 가보고 싶습니다!!
맛있당!!
이렇게나 맛있는 오뎅을 술 못 마시는 사람도 즐길 수 있는 시대가 돼서 다행이야♡
엄청 좋아함!
이걸 보면서 먹으니 가게에서 먹는 것 같아~!!
이 캔도 좋네!!

집에서 도메시를 만들 수 있는
두부도 추천 메뉴이지만 스지(소힘줄)조림도
포장용으로 추천한다！

달걀덮밥에 올려 먹으면
엄청 맛있다!!

원하면 소스 추가도 가능!! 

오뎅은 카운터석에서 즐겨보자

일본에서는 오뎅을 집에서 먹는 음식이라는 생각하는 경우가 많다.
하지만 가게에서 먹으면 하나하나 맛의 차이를 명확하게 알 수 있기 때문에
지금껏 느껴본 적 없는 오뎅의 세계가 보일 것이다.
특히 추천하는 것은 카운터석에서 먹는 오뎅이다. 점원에게
"무에 간이 배어들었나요?"라고 물어보거나 옆 사람이 주문한 것을 보고 "저도 저거 주세요"라며
서로 대화하다 보면 왠지 TV에 나오는 오뎅 포장마차에 간 것 같은 기분이 들면서
'이제 어른이 됐구나~'를 거듭 느끼게 된다.
'오뎅 포장'이 되는 가게는 포장용기를 소장하는 즐거움도 있으므로
꼭 주문해보길.

Spot Data

아사쿠사 오뎅 오타후쿠
浅草おでん 大多福

東京都 台東区 千束1-6-2
☎03-3871-2521
4~9월 17:00~23:00
일요일, 국경일 17:00~22:00 |
10~3월 17:00~23:00
일요일, 국경일 12:00~14:00,
16:00~22:00
3~10월 월요일 휴무 | 11~2월
휴무 없음(연말연시 제외)

오뎅토코로 코나카라 본점
おでん処 こなから 本店

東京都 文京区 湯島1-9-6
☎03-3816-0997
18:00~22:30(LO 22:00)
일요일 휴무, 부정기휴무

니혼바시 오타코 본점
日本橋 お多幸 本店

東京都 中央区 日本橋2-2-3
お多幸ビル
☎03-3243-8282
월~금요일 11:30~14:00
(LO 13:30), 17:00~23:00
(LO 22:15) | 토요일, 국경일
16:00~22:30(LO 21:45)
일요일 휴무

베트남, 중국 소수민족,
페루...
신기하고 이색적인
에스닉 요리

◎ 마이마이

◎ 나폴레옹 피시

◎ 베포카

○○풍이 아닌 본토의 맛을 그대로 즐길 수 있는 가게가 많이 모여 있는 곳으로 도쿄를 빼놓을 수 없죠!
각국의 이색 요리!!
인도네시아에서 유학을 했기 때문에 이국적인 맛을 무척 좋아한답니다!
여어~ 오래 기다렸습니다!!
이렇게 외치고 싶어지는 이번 맛집의 탐방 주제는…
정말 튀네요!
확실히 이곳만 베트남 거리!!
짜ーー잔!
에코다 거리를 베트남 거리로 만들어버릴 기세의 가게로 이 공간에 있는 것만으로도 즐겁답니다.
첫 번째 가게는 에코다에 있는 베트남 음식점 '마이마이'.
헤에!!
그래서 본고장의 맛을 잘 유지하면서 진화시키고 있죠.
사장님인 아다치 씨는 베트남을 자주 왕래하며 본국의 맛을 전파하고 있다.
뭐야, 이 지나치게 즐거운 공간은!!
피용
피용
가게 안은 베트남 분위기가 더욱 강하다. 아기자기하고 발랄한 공간에 엄청 흥분!
이런 거, 완전 좋아!!

설탕이
사르륵,
사르륵거려서
재미있어.

신선한
라임도 무척
상큼해!

가라앉은
설탕을
취향에 맞게
녹인다.

탄산수를
넣고 라임을
짠 후

이
정도면
될까~?

베트남 여성들이 좋아한다는
라임소다 ￥600

먼저
음료를
주문!

탄산수

잔 바닥에
1cm
두께의 설탕이 깔려 있다.

신선한
라임

라이스페이퍼는
채소의 수분으로
촉촉해져서
말기가 쉬워요.

이것을 직접
말아서 먹는
재미가 있다!

돌
돌

돼지고기 라이스페이퍼말이
￥1200

채 썬
청파파야가
들어 있는 소스

고수

양상추

채 썬 오이

엄청 얇은
라이스페이퍼

실파

곧바로
'마이마이'의
대표 메뉴가
등장!

두껍게 저민
돼지고기

오
독

오
독

소스에 들어 있는
청파파야의
꼬독꼬독한
식감도 좋네요!

돼지고기가
부드러운 데다
차지고
맛도 진해!
고수 향도
좋네요~

먹어보니…

베트남의
맛!!

음
~~~!
~~~

베트남 치킨카레 ￥1000
고수가 수북
고구마
치킨
송이버섯
베드남 카레도 주문!
라이스페이퍼가 무척 얇아서 입안에 넣었을 때 느낌도 섬세하고 안에 넣은 재료와도 하나가 되네요.
사실 여기는 화학조미료를 전혀 넣지 않는답니다.
본토의 맛이지만 좀 더 고급스러운 느낌이 드네요.
채소는 계절에 따라 달라진다고 해요.
맵지 않은 카레도 좋아요.
맛있어~!!
감칠맛이 나요~! 코코넛밀크의 달콤함도 좋네요.
즐거운 분위기에 맛있고 위에도 부담스럽지 않은 요리여서 오랫동안 앉아서 과식할 것이 분명하다!
해가 꼴딱…
'어떻게 하면 손님을 즐겁게 할 수 있을까?'라는 사장님의 배려가 듬뿍 느껴지는 '마이마이'.
그렇죠. 그래서 위에도 전혀 부담이 없어요.
본토에서는 엄청나게 사용하잖아요. 그걸 넣지 않고도 맛을 재현하다니 대단해요!

안녕하세요?
산세이도 서점
유라쿠초점
아라이 씨
마루젠&
준쿠도 서점
시부야점
카츠마 씨
다양한 음식을
맛볼 계획이니까
오늘은 먹는 것을
좋아하는
사람들과
함께 가요!
두 번째 가게는
아자부주방에 있답니다.
중국 소수민족
요리로 유명한
가게, 나폴레옹
피시에 갈
거예요!
왓~
거기
어디예요?
수많은 조미료통이
늘어서 있다
가게 안은
모던!!
중국 소수민족
요리라고
하니까…
에스닉한
느낌이겠지?
이렇게
생각했는데
모두의 기대치가
한껏 높을 때
음식 등장!
그렇지만 일정한 주기로
다른 민족의 요리로
바뀌기 때문에 올 때마다
새로운 메뉴를 맛보게
되는 경우도 있답니다.
그리고 그
맛을 가게에서
선보이고 있는
거예요.
사장님인 오사나이 씨는
중국 소수민족의 언어도
능숙해서 현지에 체류하면서
다양한 요리를 먹고
때로는 직접
주방에 들어가 맛을
연구했다고 한다.
빨리 먹고 싶어~!!

*도테나베: 굴을 재료로 한 냄비요리.

*황날장: 하바네로 고추를 말함.

굉장히 세련된 가게네요!
마지막 가게는 하라주쿠에 있는 페루 음식점 '베포카'.
bépocah cevicheria peruana
페루 요리는 좀 더 소박한 느낌일 거라고 생각했다!
다음에 왔을 때는 어떤 민족의 요리를 먹을 수 있을까요~?
하나하나가 놀람과 감동을 주는 중국 소수민족 요리.
맛있었어~!!
여기는 본토에서 유행하는 페루 요리를 맛볼 수 있는 곳으로 유명해요.
헤에
가게 안도 어른스러운 분위기!
외국인 손님들도 많다!
요리가 등장하자 일동 감동!
우와아!!
디저트 같아
세비체 ¥1800~
세비체 트래디셔널
세비체 믹스
노란 고추크림 세비체
새우
오징어
문어
오늘의 선어
로코토 고추크림 세비체
고수크림 세비체
새꼬막 먹물 세비체

빨대로 즙을 다 마셔버리고 싶을 만큼 맛있어~!
라임이 굉장히 신선해!!
새로운 맛이에요!
라임
적양파
고추
허브
등이 들어 있다.
여러 가지 변형된 형태도 있지만 해산물 마리네 같은 요리다.
세비체는 페루의 국민 전채요리로 전문점이 있을 정도랍니다.
쫀득쫀득이 아니라 몽실몽실해! 군고구마 같아!
어? 어떤 거? 어떤 거?
예상 밖!!
뭐야, 이거 식감이 독특해!!
이것은 페루의 옥수수!!
이건 뭐예요?
크다!!
까아
그리고 다음 요리가 등장하자 새된 함성이 (특히 여자들)!
나는 고수크림일까나~
새꼬막 먹물 세비체가 맛있었어♡
나는 트래디셔널!
왁자
지껄
새로운 식재료에 놀라거나 맛을 비교하면서 분위기가 몹시 고조됨!

*에스카베슈: 생선을 튀겨 초, 기름, 향채 등을 묻혀 절인 요리.

'마이마이'에서 걸어서 얼마 안 되는 곳에
자매점 '에쿄다헤무ㅗㄱㄩへム'가 있다.

여기에서는 *체Che나 **포Pho 등의 포장마차
요리를 먹을 수 있다!

*체: 콩, 녹두, 팥 등을 끓여 식힌 후 얼음과 섞어 만든 베트남 간식.
**포: 베트남의 쌀국수 요리.
***바인미: 베트남 식 바게트 샌드위치.

마니아들이 찾는 음식점이 많은 것이야말로
도쿄의 저력

세계 각국의 음식점은 도쿄 외에도 널리 퍼져 있지만 이번에 소개한 곳은
'마니아'적인 가게들이다. 그중에서도 '마이마이'는 에코다 거리를
베트남 거리로 만들려고 하는 것이 분명하다.
또한 '나폴레옹 피시'는 중국 소수민족 음식점이라고 자처하는 곳이다.
'베포카'는 가게 분위기도 세련돼 얼핏 보면 서양 음식점이라고 생각하기 쉽다.
하지만 요리의 색감과 식감 그리고 식재료가 다른 데서는 좀처럼
만나보기 힘든 것들뿐이라 놀람의 연속이었다. 이런 가게를 만나게 되면
'이야~ 과연 도쿄는 대단하구나~'라고 생각하게 된다.

Spot Data

마이마이マイマイ
東京都 練馬区 旭丘1-76-2
☎03-5982-5287
18:00~22:30(LO 22:00) |
토, 일요일과 국경일
~22:00(LO 21:30)
화, 수요일 휴무
※미취학 아동 동반은 피할 것

나폴레옹 피시
ナポレオンフィッシュ
東京都 港区麻布 十番1-6-7 2F
☎03-3479-6687
런치 11:30~15:00(LO 14:00) |
화~금요일 18:00~23:30
(LO 22:30) | 토, 일요일과 국경일
17:00~23:00(LO 21:00)
월요일 휴무

베포카ベポカ
東京都 渋谷区 神宮前2-17-6
☎03-6804-1377
17:00~다음 날 02:00
(LO 다음 날 01:00) |
금, 토요일 17:00~다음 날
05:00(LO 다음 날 03:00)
일, 월요일 휴무(한 달에 한 번)
※전화로 확인 요망.

신선한 식재료와
장인의 기술이 생명인
일품 텐푸라

◎ 텐푸라 오우사카

◎ 텐스케

◎ 텐푸라 콘도

에도 시대에는 서민의 패스트푸드로 서서 먹는 메뉴였어요.
하지만 텐푸라는 조금 비싸기 때문에 런치 타임에 찾아갔습니다.
이번 메뉴는
메밀국수, 장어 요리와 함께 에도 3대 음식 중 하나인
텐푸라!!
좋아좋아~!
그래서 첫 번째로 찾아간 가게는 니시신바시에 있는 '텐푸라 오우사카'.
참고로 에도의 텐푸라는 에도마에, 즉 에도 앞바다인 도쿄 만에서 잡은 해산물이 주재료였어요. 채소는 구색을 맞추는 정도로밖에 나오지 않았답니다.
헤에—
널찍한 카운터석이 고급스러움을 느끼게 한다.
여기는 저녁에는 정가대로 받지만 런치는 파격적으로 싸답니다! 가격 대비 품질이 엄청 좋은 가게예요.

고소한 튀김 향과 냄비에서 전해져 오는 열기에 식욕이 마구마구 솟는다!
꼬르륵
이 소리도 좋아요.
치이익…
튀김 요리 하는 모습을 눈앞에서 볼 수 있는 것도 호사스럽네요.
카메라 렌즈도 뿌옇게 됐어요.
안경도…
모락모락!!
엄청난 수증기!!
텐동 ¥1400
굴튀김
강낭콩
커다란 새우가 2마리!!
기다리고 기다리던 음식이 등장!
청고추
보리멸
붕장어
단호박
따끈따끈하고 달다~
따끈따끈
보리멸도 절묘하게 튀겨져서 맛있어요!
씹으면 탱글탱글 터진다~!
탱글
크고 신선한 새우!
가득 담긴 음식은 하나하나 모두 맛있다!

장인의 세심한 배려가 느껴지네요.
텐동의 텐푸라는 튀김옷이 살짝 두꺼워요. 진한 소스에 찍어 먹기 위해 그렇게 만든 거예요.
참고로 텐동과 텐푸라는 츠유를 바꾼다고 해요!
절묘한 밸런스!
꽤 진한 소스네요.
하지만 끝 맛이 산뜻한 것이 신기함!
소스는 깔끔한 간장.
달지 않은 소스두 괜찮네요.
와구 와구
그 때문인지 나이 드신 손님들도 보인다.
신선한 기름을 사용해 장인이 정성껏 튀겨주기 때문에 굉장히 산뜻하게 마무리된답니다.
튀김을 잔뜩 먹었는데도 위가 전혀 부담스럽지 않아!
깜짝 놀란 것은 다 먹은 후!
입안도 깔끔!
텐스케는 소위 동네 튀김 가게로 부담 없이 들어갈 수 있는 곳이예요.
이어서 코엔지에 있는 '텐스케'로~
말할 것도 없이 대만족!!
가격 대비 품질이 엄청 좋아!
고급스러움이 넘치는 공간에서 질 좋은 텐푸라를 저렴한 가격에 먹을 수 있다니…

세계
각국의
사진들
벽에 장식돼
있는 미니
타월…
조금
색다른
간판
天すけ
Tenㅅuke
天すけ
가게 안도
독특한
분위기!
텐푸라
가게
같지가
않네요.
술집 같아

보세요!
만들기
시작했어요!
재미있으니까
얼른 보세요!
삶은 달걀?
아니면
메추리알?
타마고
텐푸라!?
이곳의 추천
메뉴는 타마고
런치(1300엔)예요.
명물인 타마고 텐푸라가
포함돼 있어요!

달걀껍데기를
던져버렸어!!
휙
정말
순식간에!
샤삭
챠아ㅡ아
날달걀을
기름에!?
샥
탁

밥이 담긴 작은 사발 위에 타마고 텐푸라가 올라가 있다!
그렇게 완성된 것이 이것.
와ㅡ 나왔다ㅡ!!
저것도 이 가게의 명물이에요.
쇼를 보는 것 같아요~!
피ㅡ융!
소스를 뿌릴지 간장을 뿌릴지 선택한다.
달걀노른자는 걸쭉~~!!
걸쭉~...
달걀흰자는 몽글몽글
몽글몽글
겉은 바삭바삭
바삭바삭
오징어
쫄깃!! 살짝 레어!
보리멸
통통! 바삭!
새우
고소~♡
눈앞에 계속해서 튀김이 놓인다.
새우완자
탱글! 탱글!
가지
육즙이 주르륵!
피망
단맛이 극에 달함!

브로콜리는
제대로 튀기지
않으면
느끼하답니다.

따끈따끈해서
더 달~아!!

기름과 어우러져
풋내는 사라지고
감칠맛과 단맛이
굉장하네요!

처음
먹었는데
깜짝 놀랄
만큼
맛있었다!!

특히
맛있었던
것이
브로콜리!

틀림없이 혼자
가도 외롭지
않게 즐길 수
있을 듯!!

휙

손님들을 놀라게
하고 즐겁게 하는
것을 좋아하는
사람이구나.

엄청
먹어보고
싶어~!!

안키모 두부 튀김 ¥550

아보카도 성게알 말이 ¥1000

생굴 피망말이 ¥100

'텐스케'에는
타마고
텐푸라
외에도
독특한
튀김과
술안주가
많다!

성게알
김
피망
굴
아보카도

콘도에는 요리뿐만
아니라 그곳에
흐르는 시간이나
공간을 즐기고 싶어
하는 손님들이 많이
찾아온답니다.

다른
손님들도
모두
곱게
치장☆

살짝
멋 부리고
왔습니다!

마지막은
긴자에
있는
'텐푸라
콘도'.

그래서 저희는 정통 도쿄 요리라고 주장하지 않습니다.
이곳의 콘도 사장님은 해산물이 주재료이던 도쿄 식 텐푸라에 처음으로 채소를 도입한 분이에요.
반 짝 ―
무대처럼 화려하고 밝다!
텐푸라가 하나씩 등장한다.
튀김옷이 얇고 그 사이로 보이는 새우의 붉은색이 아름답다.
런치 코스로 스미레 (6300엔)를 주문!
보리새우!
두 번 나오기 때문에 처음에는 소금, 두 번째는 츠유에 찍어 먹을 수 있다!
그, 그거 굉장히 기대되네요!
'식재료가 가진 맛을 최대한으로 끌어내고 싶다!'라는 생각으로 재료별 특징을 철저하게 연구했기 때문에 처음 알게 되는 맛이 가득할 거예요.
'수분이 이렇게나 많았어?'라는 말이 나올 만큼 즙이 많네요.
맛도 진하고 향기로워요~
이어서 아스파라거스
선명한 초록색의 굵은 아스파라거스는 더할 나위 없이 맛있다! 3등분돼 나온다.
맛있어!!
바삭한 튀김옷, 탱글탱글한 새우의 탄력! 게다가 속은 살짝 덜 익었어! 절묘한 온도 조절…

튀김을 올려놓은 종이에도 기름이 거의 묻어 있지 않죠? 이렇게 기름을 줄이는 것도 콘도 씨의 기술이랍니다.
또 튀김옷에도 깜짝 놀람.
이 튀김옷 엄청 얇아요!!
텐푸라 코스는 총 10종이 나옴. 그 맛은 놀람의 연속이었다.
연근
작은 양파
큰눈양태
가지
붕장어
보리멸

부스러진다! 그리고 그 뒤에 찾아오는 당근의 진한 단맛.
입안에 넣으면~
파삭…
파삭…
이미 당근의 경지를 넘어섰어요!!
당근 텐푸라
¥630
아주 가늘게 채 썬 당근이 휘감겨 튀겨진 카키아게
코스 외 메뉴도 주문.
꼭 드셔 보세요!
마치 타래엿 같아!!

고구마 텐푸라 ¥1260
그렇게 시간과 노력을 들여 완성된 것이 이것!
약 10cm
노릇노릇 튀겨진 원통 모양 고구마
30분 넘게 걸리므로 주문은 미리!!
그런 다음 키친타월로 감싸고 잔열로 다시 속까지 균일하게 익힌다.
원통 모양의 고구마를 30분에 걸쳐 통째로 정성껏 튀긴다.
또 하나 추천 메뉴가 명물 고구마 텐푸라! 이건 만드는 방법도 맛도 상상을 뛰어넘는 답니다!
뜸 들이는 것이 포인트!

이 정도로 고구마 본연의 맛을 최대한 끌어낸 음식은 또 없을 거예요!!
게다가 고구마가 으깬 것처럼 부드러워!
속은 보슬보슬 군고구마 같은 달콤함!!
겉은 바삭바삭 하면서 고소한 식감!
감~동...
행복해!!
절묘한 식감의 대비!!
여기에 오면 다들 그렇게 돼요.
무라사와 씨, 무척 행복한 얼굴이네요!
하아~~ 맛있었어요 ~~!!
채소절임
텐푸라 다음에 밥과 된장국, 디저트로 코스 종료!
밥
붉은 된장국
계절 과일
콘도 사장님이 매일 직접 짓고 있다!
식사란 위를 채우기 위한 것만은 아니구나.
식사의 소중함을 새삼 느끼게 된 체험이었습니다.
생글생글!
동석했던 아주머니들도!
시간과 노력, 정열을 더해 만들어진 텐푸라는 맛있다는 감동뿐만 아니라 큰 행복감까지 안겨줬습니다.

취재 때는 배가 불러서
먹지 못했지만
꼭 먹어보고 싶어서
나중에 또 갔습니다!

이 조합이 맛이 없을 리가 없잖아!!

막 튀긴 텐푸라를 바로 먹는 것이
가장 맛있게 먹는 방법

메밀국수, 장어 요리와 함께 에도를 대표하는 음식 중 하나가 텐푸라다.
재료에 튀김옷을 입혀서 튀기는 지극히 단순한 요리지만 이 때문에
재료 본연의 맛이나 요리사의 기량이 가장 잘 드러나는 음식이다.
따라서 텐푸라는 장인의 기술을 함께 먹는 것이라 할 수 있다.
또 '부모님의 원수를 만난 것처럼 먹어라'는 말도 있는데 이는 막 튀긴 텐푸라를
바로 먹는 것이 최고로 맛있게 먹는 방법이라는 의미다.
카운터석 앞에서 꼼짝 않고 장인을 노려보듯 하면서 젓가락을 계속 쥐고 있는,
그런 사람이야말로 부모님의 원수를 만난 것처럼 먹는 사람인 것이다.

Spot Data

텐푸라 오우사카
天ぷら 逢坂

東京都 港区 西新橋1-13-
16
☎03-3504-1555
11:15~14:00,
17:30~23:00(LO 21:00) |
토요일만 17:00~
일요일, 국경일, 셋째 주
토요일 휴무

텐스케天すけ

東京都 杉並区 高円寺北
3-22-7 プラザ高円寺 1F
☎03-3223-8505
12:00~14:15(토, 일요일과
국경일 11:30~15:00),
18:00~22:00
월요일 휴무

텐푸라 콘도てんぷら 近藤

東京都 中央区 銀座5-5-13
坂口ビル 9F
☎03-5568-0923(예약 요망)
12:00~13:30, 17:00~20:30
일요일 휴무

가격 대비 최고의 식사!
유명 음식점의 런치 코스

◎ 긴자 아사미

◎ RISTORANTE HiRo CENTRO

◎ SZECHWAN RESTAURANT 친

이번에는 유명 음식점의 런치 코스예요!
유명 음식점 !?
도쿄에는 비싼 고급 음식점이 많은데 런치는 의외로 합리적인 가격대랍니다.
린치 경쟁이 심하기 때문에 유명 음식점도 가격 대비 만족스러운 음식으로 승부하고 있는 거죠.
고급 음식점은 문턱이 높아서 좀처럼 갈 엄두가 안 났는데 기뻐요!
야호!
첫 번째 가게는 히가시긴자에 있는 '긴자 아사미'.
한 걸음 내딛은 순간부터 유명 음식점의 세계는 이미 시작됐다.
그건 작가 타카하시 마코토의 도자기 작품이랍니다.
예쁜 도자기 조각이 바닥에 박혀 있다
멋져 ~♡
어서 오세요~
활짝
와!

*오차즈케: 밥에 녹차를 부어 말아 먹는 요리.

회로 다 먹어버리고
싶은 미음을 익누르고
오차즈케로!!

충분히 남김

사
르
르

오차즈케와
어울리는
진한 맛!

풍미와
감칠맛이
있어서
맛있어~!

보통 고마다래 하면
깨와 간장이 기본이지만
여기는 호두나 땅콩을
더 넣는납니다.

고마다래도
맛있어!!

차도 구수하고
고마다래도 향이
퍼져서 풍미가
한층 깊어지네요!

하
아

뜨거운 차를
부었더니 살이
보들보들
부드럽고
촉촉해졌어요.

국물이
아니라
차라는 점도
좋네요!

졸
졸…

차는
후카무시차를
사용.

차분한 분위기의
가게에서 먹는 맛있는
오차즈케뿐만 아니라
어른스러운
세계에도 푹 빠짐.

게다가
사장님이
배우처럼
멋있다.

밥은
추가할 수
있으므로
그것도
OK!

아아… 남은
소스로 오차즈케
한 그릇 더
만들어 먹고 싶을
정도예요.

순식간에
다 먹음!!

깨끗!

히로는 분점이 몇 개 있는데 여기는 회사원들이 많은 마루노우치 빌딩가에 있기 때문에 다른 곳보다 가격이 좀 더 합리적이랍니다.
위~
~에
※엘리베이터
위치는 도쿄 역 근처의 마루 빌딩 35층.
다음은 'RISTORANTE HiRo CENTRO'. 이탈리아 요리로 유명한 가게예요!

나는 A코스를 주문.
총 6개 코스 중
Pranzo A
¥1575
파스타 + 디저트 · 음료 세트 ☆
※취재 당시 메뉴임.
창밖으로 도쿄 시내가 내려다보인다.
우와, 풍경이 굉장해!
표식은 붉은색 간판.
RISTORANTE HiRo CENTRO

아!!뜨뜨뜨
통밀빵은
손으로 집을 수 없을 정도로 뜨끈뜨끈!
포카치아가 부드럽고 차지고 달아~!
돌소금의 와삭와삭한 식감이 좋아!
블랙올리브
어떤 런치 코스든 빵이 포함돼 있다.
직접 구운 빵입니다~
와~아! 빵 완전 좋아

히로시마 산 쇠고기와 뿌리채소 미트소스 스파게티
치즈 간 것
파
우엉
쇠고기
순무
무
그리고 계절 파스타가 듬뿍!
배불리 드시고 가셨으면 합니다.
게다가 이 빵은 얼마든지 추가할 수 있다!
회사원들은 밤 9시 넘어 저녁 식사를 하는 경우도 많기 때문이죠.
참고로…
본고장 이탈리아에서는 파스타를 먹을 때 스푼을 사용하지 않는다. 이 가게도 포크뿐이다.
입에서 살살 녹는 쇠고기와 우엉, 순무 등 겨울 채소의 단맛이 가득!
음~ 뿌리채소와 치즈의 고소한 향!
모락모락
이름 그대로 새우가 듬뿍!!
파슬리
토마토
징거미 새우 듬뿍 링귀네
링귀네
나는 이 가게의 명물 파스타로 주문했습니다!
￥1050(추가 요금)

새우내장, 토마토, 갈릭소스가 납작한 링귀네와 잘 어우러져 맛있어요.

탱글탱글하고 달아!!

1, 2, 3, 4… 6마리나

새우가 산더미처럼 올라가 있어~

서양배 바바루아와 와지마 산 소금 캐러멜 젤라토 파르페

바바루아

커피

디저트는 몇 종류 중 고른다!

캐러멜이 코팅된 슬라이스 아몬드

젤라토

새우 파라다이스!!

이건 새우를 좋아하는 사람이라면 참을 수 없을 거예요!!

지방에 사는 친구들이 올라오면 여기로 데려와야지!

또 창가 쪽은 도쿄 시내를 내려다보면서 먹을 수 있어 최고!

서양배 바바루아는 새콤달콤하고 소금 캐러멜 젤라토는 쌉싸래하다. 사르르, 톡톡, 바삭… 식감도 풍부하고 복잡한 맛!

이 파르페는 겉모습은 소박하지만 엄청나게 맛있다~!!

키야~…

우뚝
시부야 역 서쪽 출구에서 조금만 걸으면 보이는 셀리안타워 도큐호텔.
마시박은 중화요리로 유명한 가게!
중화요리의 거장인 고모다 씨가 총주방장을 맡고 있는 가게로 길 거네요.
고모다 셰프!
알아요! TV에도 자주 나오는 분이죠.
오옷
시크하면서 화려한 분위기네요.
2층에 있는 식당이 'SZECHWAN RESTAURANT 친'.
SZECHWAN RESTAURANT
사장님은 중화요리의 거장 친 겐이치☆
와— 멋졌요♥
요리 3종류를 맛볼 수 있어요
이 두 세트를 주문해서 나눠 먹을까요?
수프 런치 세트 (¥2887)
선택 가능한 요리 2종류
밥
채소절임
디저트
수프 서비스 런치 (¥1732)
선택 가능한 요리 1종류
밥
채소절임
여기서 주문한 것은
물론 저렴한 런치 세트

요리는 이 3종류를 선택!
새우내장의 풍미가 느껴지는 소스라 감칠맛이 나네요.
탱글탱글함이 장난 아닌 새우
음
아삭아삭한 식감이 좋은 청경채
줄줄기
표고버섯
청경채와 탱글탱글 새우된장볶음
목이버섯
부드럽고 차져서 더 맛있는 항정살
항정살에 뒤지지 않을 만큼 순무도 맛있어!
청고추
아삭한 식감과 단맛이 최고인 순무
항정살후추볶음
매운맛과 산미의 절묘한 균형! 감칠맛과 깊은 맛도 굉장해!
부드러운 두부
마늘 잎
맛있게 맵다
육즙이 가득한 다진 돼지고기
본고장 쓰촨의 맛!!
친 겐이치의 마파두부

*짜사이: 착채를 절여 만든 중국 김치.

점원 모두가 가슴에 배지를
달고 있어서 봤더니…

친 사장님의 얼굴이
그려져 있었다. ☆

주머니가 가벼운 이들을 위한
행복한 사치

전 세계의 맛있는 음식이 모두 모인 도시라고 불릴 만큼 도쿄에는 수많은 유명 가게가
줄지어 있다. 하지만 당연히 가격도 비싸기 때문에 좀처럼 가기 어렵다.
그렇지만 런치 코스가 마음에 들면 저녁에도 와줄 거라는 전략 덕분에
유명 가게의 런치 메뉴는 비교적 저렴한 가격으로도 충분히 맛볼 수 있다.
평소에는 선뜻 들어갈 용기가 나지 않는 비싼 음식점이라도 낮에는 부담 없이 들어갈 수 있는 것이다.
무엇보다 좋은 점은 1000~2000엔으로 고급 음식점의 맛을 즐길 수 있다는 것.
주머니가 가벼운 이들에게는 놓치기 아까운 기회이니 시간이 된다면 점심때 꼭 한 번 들러보시길!

Spot Data

긴자 아사미銀座 あさみ
東京都 中央区 銀座8-16-6
ときわぎ 1F
☎03-5565-1606(예약 요망)
11:30~15:00(LO 14:00),
17:00~23:00(LO 21:30)
일요일, 국경일 유무

RISTORANTE HiRo CENTRO
東京都 千代田区 丸の内2-4-
1 丸の内ビル 35F
☎03-5221-8331
11:00~14:00, 18:00~21:00
연중무휴

SZECHWAN RESTAURANT 친
東京都 渋谷区 桜が丘町26-1
セルリアンタワー 東急ホテル
2F
☎03-3463-4001
11:30~15:00(LO 14:00),
17:30~23:00(LO 21:30)
연중무휴

시장 음식
정복하기

◎ 안코야 타카하시

◎ 키츠네야

◎ 산요식당

◎ 타케스시

맛집 탐방의 대미를 장식하는 것은…
시장 음식!!
그래서 그런 사람들을 만족시킬 가게들이 모여 있는 거군요.
도쿄의 시장은 전국에서 가장 질 좋고 신선한 식재료가 보이는 상소로 입맛이 까다로운 미식가들이 특히 많이 찾는답니다.
룰?
츠키지는 남자들의 세계예요. 가게에서의 행동에도 무언의 룰이 있어요.
첫 번째로 갈 곳은 도쿄의 관광명소이기도 한 츠키지 시장!
築地市場正門
부ㅡ웅
高はし
高はし
츠키지 시장 내 '안코야 타카하시'.
가게 안이 비좁으므로 적은 인원이 갈 것을 권합니다.
확 먹고 휙 가는 것이 기본이에요.
도착 했어요

밝고 유쾌한 사장님! 가게 분위기도 활기차다.
감사합니다!!
붕장어 완전 좋아요~ !!
깜짝 놀랄 만큼 맛있어요~!
여기는 겨울철 아귀가 명물이지만 연중 메뉴로는 붕장어도 유명해요!
양념에 조린 붕장어의 맛있는 향기!
음
모락 모락
아나고동 ¥1300
그리고 곧바로 붕장어덮밥 등장!
고추냉이
양념 붕장어덮밥 ♡
따끈따끈
사르르
녹아~ !!
잘 먹겠습니다.
두근 두근
냠
우와~! 금방 부서질 것처럼 부드러워!!
젓가락으로 집어 들자…
보들보들…

산초나 시치미도 있으므로 다양한 버전으로 즐길 수 있다!
정말이네 ♡
고추냉이를 더하면 끝 맛이 산뜻해져요.
붕장어 본연의 맛과 조화를 이룬 소스도 느끼하시 않아서 좋네요.
비린내도 없고 맛있는 붕장어~!
입안이 아직도 행복해~ ♡
감사합니다~
시장 분위기를 느낄 수 있는 활기찬 가게에서 세련된 맛을 즐긴다!
맛이 배어들었다~!
무말랭이
토란
파드득 나물
미역
두부
사발 된장국도 맛있었다!
여기도 프로 요리사들에게 인기 있는 가게예요.
여기! 한 번 와보고 싶었는데 늘 붐비는 데다 서서 먹는 가게라 용기가 안 났어요.
와아ー ♡
다음은 츠키지 시장 근처에 있는 '키츠네야'.
きつねや

*핫초미소: 오카자키 지방의 검붉고 짠 된장.

오타 시장의 '산요식당'.
'생전갱이 튀김'을 먹을 거예요.
츠키지 시장
세 번째는 도쿄 만과 가까운 오타 시장으로~
츠키시마
시나가와
다이바
오타 시장
어? 평범한데?
미역과 두부된장국
생전갱이튀김 정식
￥900
전갱이튀김 4개
양배추
이렇게 생각한 순간!
※전갱이가 잡힐 때만 제공한다.
채소절임
일단 드셔 보시라니까요!
'생전갱이 튀김'이요?
우후후
이렇게 좋은 냄새가 나는 전갱이튀김은 처음이야!!
향도 엄청 좋아~!!
모락모락~
불룩!!
뭐지? 이 불룩함!!

그래서 '생' 전갱이 튀김!
회로 먹어도 될 만큼 신선한 전갱이를 사용한 튀김이에요.
그렇죠?
엄·청·나·게
맛·있·어~!!
곧바로 먹어봤더니…
바삭
!!

그 가격은 놀랍게도
¥1300!!
진짜
싸다!!
그리고 하루 20인분 한정으로 성게알 한 판이 나오는 정식도 있어요!
한 판!?
튀김이 부풀어 있던 것도 신선하기 때문이에요.
소스를 뿌리는 것도 아까워…
촉촉한 전갱이에 바삭바삭한 튀김옷! 지금까지 먹어본 것 중 단연 최고로 맛있는 전갱이튀김이에요!!

다음에는 생성게알 한 판도 먹어봐야지!
걸어가기 조금 힘든 곳에 있지만 가볼 만한 가치는 충분한 생전갱이튀김의 저력을 체감!
생성게알 한 판 참치회 정식
¥900
참치
생성게알
채소절임
생성게알을 한 판이나 먹을 수 있다니 행복해!!
양도 신선도도 만점!

여기는 일본에 오면 반드시 들르는 외국 팬들도 있을 만큼 퀄리티가 높은 가게예요.
초밥 완전 좋아♡
츠키지 말고도 도쿄 안에 이렇게 시장이 많은 줄 몰랐어!!
마지막을 장식하는 것은 아다치 시장에 있는 '나케스시'.
足立市場
武寿司
기분이 더욱 고조된다!!
적당히?! 그런 식으로 주문받아본 적 없는데!!
주방장 추천 메뉴로 적당히 만들어줄 수 있나요?
딱 봐도 장인 분위기가 물씬 나는 사장님의 모습에 기대감이 상승!!
차분한 목소리
어서 오세요~
음~!!
잘 먹겠습니다.
두근 두근
설레는 첫 접시!
줄무늬 전갱이 입니다.
줄무늬 전갱이
※접시 ¥300~450, 그 외 초밥(평균) ¥1050~
※초밥 재료는 매일 바뀐다.

*시라코: 수컷 물고기의 배 속에 있는 흰 정액 덩어리.
**간즈리: 고추와 소금, 유자, 누룩으로 만든 매운맛 조미료.
***이리사케: 일본 술에 매실장아찌를 넣고 바짝 조린, 간장이 생기기 전 에도 시대부터의 조미료.

주룩~
중간에 뭔가 들어 있어요!!
주인
쥐치간 이랍니다.
!?
생주치
그리고 우리를 깜짝 놀라게 한 것이…
오늘 아침까지 바다에서 헤엄치던 녀석이죠.
게다가 가격은 대충 만들어달라고 해서 1인당 약 4000엔!!
음~!!
음~…!!
전부 기절할 만큼 맛있어서 시종일관 신음만!
시장이라서 파격가!!
회는 담백한 데다 식감도 좋고, 간은 녹아서 진한 맛이 입안 가득 퍼져… 참을 수 없네요.
충격적인 맛!!
처음 먹는 시장 음식은 예상을 뛰어넘는 맛이다!
시장에서만 먹을 수 있는 신선하고 고급스러운 맛, 시도해보지 않으면 손해랍니다!
초밥을 좋아하는 사람은 물론 술을 좋아하는 사람도 틀림없이 행복한 시간을 보낼 수 있을 것이다!!
맞다. 타케스시는 일본 술이 다양한 것도 매력적이에요.
霞
宗玄
주방장에게 부탁하면 초밥 재료에 맞춰서 골라준다.

'안쿄야 타카하시'의 사장님은 자타공인 건담의 열혈 팬으로 소위 건담 오타쿠라고 한다.

그래서 옛날에는 가게 선반 위에 건담이 장식돼 있었다고 한다 (나카가와 씨의 이야기).

취재했을 때는 아랍의 대흑천 같은 인형이 장식돼 있었다(친구에게 선물 받은 것이라고 함).

허들은 높지만 가볼 만한 가치는 크다

사실 이번 '도쿄 편' 중 맛에 대한 허들이 높은 것이 이 '시장 음식'일지도 모른다.
음식점 주인들이 식재료를 사러 갔다가 돌아오는 길에 들르는 식당이 많기 때문이다.
그래서 시장에서 일하는 사람들을 방해하지 않고 원활하게
식사하기 위해서는 타이밍을 맞춰 가는 것도 중요하다.
츠키지 시장은 오전 9~10시쯤, 오타 시장은 런치 타임에 방문하고,
아다치 시장의 '타케스시'는 예약하는 것이 실패 확률이 가장 낮은 방법이다.
하지만 그런 번거로움을 감수하고서라도 방문할 만한 가치가 있는 것이
시장 음식이다. 이는 역시 요리 장인들이 먹으러 다닐 만큼
뛰어난 신선도와 맛을 자랑하기 때문이다!

Spot Data

안코야 타카하시 あんこうや 高はし

東京都 中央区 築地5-2-1
築地市場 8号棟
☎03-3541-1189
(영업시간은 통화 불가)
08:00~13:00
일요일, 국경일 휴무
시장 휴무일: www.tsukiji.or.jp

산요식당 三洋食堂

東京都 大田区 東海3-2-7 大田市
場内関連棟(청과동과 수산동 사이)
☎03-5492-2875
05:00~14:00
일요일, 국경일 휴무
시장 휴무일:
www.otashijo-kannrenn.jp

키츠네야 きつねや

東京都 中央区 築地4-9-
12
☎03-3545-3902
06:30~13:30
일요일, 국경일 휴무
시장 휴무일:
www.tsukiji.or.jp

타케스시 武義司

東京都 足立区 千住橋戸町50
足立市場入口
☎03-3879-2830(예약 가능)
07:30~14:00
일요일, 국경일 휴무
시장 휴무일:
www.adachi-shijyo.or.jp

저도요♡
행복해……
♡

『맛집 천국 도쿄』는 그렇게 완성됐어요. 제가 행복을 느꼈던
요리의 맛과 가게의 매력이 독자분들에게 고스란히 전해져서
'나도 가고 싶다!'라고 생각해주신다면 정말 기쁠 것 같아요.

취재에 흔쾌히 협력해주신 가게 관계자 여러분, 맛있고 행복한 시간
감사했습니다!

허둥대는 저를 든든하게 이끌어준 편집팀의 무라사와 씨, 가토 씨,
시라카와 씨, 멋진 책으로 만들어준 디자이너 치바 씨
그리고 응원해준 가족들에게도 고마운 마음을 전합니다!

마지막으로 나카가와 씨와 오노 씨, 음식과 가게에 관한 설명을
들으면서 맛있는 음식을 먹는 시간은 정말 행복하고 즐거웠어요!
진심으로 감사드립니다.

부디 이 책을 읽는 독자분들도 맛있는 음식과 함께 행복한 시간을
누리시길!

마에코

정말~ 행복한 시간이었습니다!

나카가와 씨와 오노 씨에게 소개받은 가게는 어느 곳이나 최고였기
때문이죠! 게다가 무척 편안했답니다.

전통 있는 가게든, 유명한 가게든 일하시는 분들이 전혀 거만하지 않고
정중하게 대해주셨습니다. 또 점원들 모두가 활기차서 깊은 인상을
받았습니다.

지금까지 음식 관련 책을 여러 권 냈지만 음식이나 가게를 만화로
제대로 그린 것은 이번이 처음이네요. 음식을 그리는 것은 정말 즐거운
작업이었습니다! 취재 때 찍은 사진을 자세히 들여다보고 당시 상황을
떠올리면서 그림을 그리다 보면 다시 한 번 가고 싶다는 생각에
혼자 몸부림치면서 쓱쓱 펜을 움직였답니다.

MANPUKU TOKYŌ
©Mameko / Setsuko Nakagawa 2014
Edited by MEDIA FACTORY.
First published in Japan in 2014 by KADOKAWA CORPORATION.
Korean translation rights reserved by The Dong-A Ilbo.
Under the license from KADOKAWA CORPORATION, Tokyo
Through PLS Agency.

이 책의 한국어판 저작권은 PLS 에이전시를 통한
저작권사와의 독점 계약으로 동아일보사에 있습니다.
저작권법에 의해 한국 내에서 보호를 받는 저작물이므로
무단 전재와 무단 복제를 금합니다.

맛집 천국
도쿄

1판 1쇄 인쇄 2015년 3월 10일 | 1판 1쇄 발행 2015년 3월 16일

만화 마메코 | **맛집 가이드** 나카가와 세츠코 | **옮긴이** 유가영

발행인 김재호 | **출판편집인 · 출판국장** 박태서 | **출판팀장** 이기숙
기획 · 편집 박혜경 | **교정** 고연주 | **아트디렉터** 김영화 | **디자인** 이슬기
마케팅 이정훈 · 정택구 · 박수진
펴낸곳 동아일보사 | **등록** 1968.11.9(1-75) | **주소** 서울시 서대문구 충정로 29(120-715)
마케팅 02-361-1030~3 | **팩스** 02-361-1041 | **편집** 02-361-0967
홈페이지 http://books.donga.com | **인쇄** 삼성문화인쇄

저작권 © 2014 마메코·나카가와 세츠코 ·
편집저작권 © 2015 동아일보사
이 책은 저작권법에 의해 보호받는 저작물입니다.
저자와 동아일보사의 서면 허락 없이 내용의 일부를 인용하거나 발췌하는 것을 금합니다.

ISBN 979-11-85711-53-9 17980 | **값** 10,000원